Fermentation

发酵

工程实验 Engineering Experiment

陈宜涛　主编

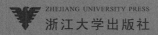
ZHEJIANG UNIVERSITY PRESS
浙江大学出版社

图书在版编目（CIP）数据

发酵工程实验 / 陈宜涛主编. —杭州：浙江大学
出版社，2018.6
ISBN 978-7-308-18328-4

Ⅰ.①发… Ⅱ.①陈… Ⅲ.①发酵工程—实验—高等
学校—教材 Ⅳ.①TQ92-33

中国版本图书馆 CIP 数据核字（2018）第 129866 号

发酵工程实验

陈宜涛　主编

责任编辑	秦　瑕
责任校对	王安安
封面设计	续设计
出版发行	浙江大学出版社
	（杭州市天目山路 148 号　邮政编码 310007）
	（网址：http://www.zjupress.com）
排　　版	杭州中大图文设计有限公司
印　　刷	绍兴市越生彩印有限公司
开　　本	787mm×1092mm　1/16
印　　张	12
字　　数	307 千
版 印 次	2018 年 6 月第 1 版　2018 年 6 月第 1 次印刷
书　　号	ISBN 978-7-308-18328-4
定　　价	30.00 元

编委会名单

主　编　陈宜涛（浙江中医药大学）

副主编　李加友（嘉兴学院）

　　　　陈少云（浙江中医药大学）

　　　　付永前（台州学院）

编　者　（按姓氏笔画排序）

　　　　于　岚（湖州师范学院）

　　　　钟传青（山东建筑大学）

　　　　曹广祥（山东第一医科大学）

　　　　彭春龙（台州学院）

　　　　葛立军（浙江中医药大学）

　　　　裴晓林（杭州师范大学）

　　　　潘佩蕾（浙江中医药大学）

　　　　薛栋升（湖北工业大学）

主　审　蒋新龙（浙江树人大学）

前　言

发酵工程是利用现代生物技术和工程手段，通过利用、改造微生物的某些特定功能，获取人类所需产品的学科。随着分子生物学、生物信息学、组学等相关理论和技术的迅猛发展，以及机械制造、自动化生产等技术瓶颈的突破，发酵工程技术的重要性也日益显现，特别是在清洁新能源建设、生物制药、环境保护等民生相关领域显现了其强大的推动力，成为生物技术产业化的主要桥梁和科学技术转化为生产力的重要推动力量。

国家教育事业发展"十三五"规划明确提出，"十三五"期间我国高等教育改革目标是推进高等教育分类发展、合理布局，推动具备条件的普通本科高校向应用型高校转变，提高应用型、技术技能型和复合型人才培养比重。应用型人才培养需要在理论教学的同时培养其动手能力。发酵工程是一门实践性很强的学科，要求学生应用微生物学、生物化学、化工原理、分子生物学等基本理论分析和解决生产过程中的具体问题，从而提高生产过程的经济效益和社会效益。

本教材为浙江大学出版社《发酵工程》（"十一五"浙江省重点教材建设项目）配套实验用书，秉承《发酵工程》的编写宗旨，提倡"先进性、实用性、可操作性"的编写原则，坚持"宽基础、重应用"的编写风格，力求满足不同层次、不同研究人群的基本需求。编写过程中，我们力求从基础到应用，循序渐进、由简入难，既有发酵工程专业的基本技术和技能，也包含本学科的一些新技术、新突破，使本书在保证系统性、科学性的同时，也能反映发酵工程的进展和技术更新。

本教材共5篇，30个实验：第1篇为基础性实验，包含10个本学科基础实验项目；第2篇为综合性实验，包含7个综合应用实验项目；第3篇为设计性实验，包含6个可依实际情况综合设计的实验项目；第4篇为研究性实验，包含4个研究探索实验项目；第5篇为典型发酵产品生产，包含好氧发酵、厌氧发酵和固态发酵3种经典发酵模式实验项目。编写分工分：实验1、实验10和实验13由潘佩蕾编写；实验2、实验14和实验28由陈少云编写；实验3、实验16和实验27由葛立军编写；实验4、实验9和实验30由彭春龙编写；实验5、实验7和实验24由于岚编写；实验6、实验21和实验25由裴晓林编写；实验8、实验12和实验19由薛栋升编写；实验11、实验15和实验22由付永前编写；实验17和实验26由李加友编写；实验18和实验20由陈宜涛编写；实验23由钟传青编写；实验29由曹广祥编写。全书由陈宜涛统稿，蒋新龙审稿。

本教材参考了国内外相关教材及文献资料，借鉴引用了部分图表，在此向各位前辈及同行致以衷心的感谢和由衷的敬意。由于编者水平所限，加之时间仓促，书中错误和不足之处在所难免，敬请读者赐教指正。

目　录

第 1 篇　基础性实验

第2篇 综合性实验

第3篇 设计性实验

第4篇 研究性实验

第5篇 典型发酵产品生产流程

第 1 篇
基础性实验

实验1　培养基的配制和灭菌

一、目的要求

1. 掌握培养基配制的方法及基本步骤；
2. 掌握消毒与灭菌的区别；
3. 熟悉消毒、灭菌的常用方法；
4. 了解常用培养基的分类方法及用途。

二、基本原理

（一）培养基的配制

培养基是人工配制的营养基质，为微生物生长繁殖或积累代谢产物提供营养成分。培养基一般应包含水分、碳源、氮源、能源、无机盐、生长素等主要成分。碳源指供给微生物生长繁殖过程中所需碳元素的营养物质，如合成核酸、蛋白质、糖等；氮源指供给微生物生长繁殖所需氮元素的营养物质，如合成蛋白质、核酸；能源指提供微生物生命活动最初能量来源的营养物或辐射能；无机盐指提供微生物生长繁殖所需的各种重要元素；生长素指微生物生长所必需，但又不能自行合成的微量有机物；水分则是保证生命活动的重要介质，常以水活度来表示，一般细菌最适水活度在 0.91 左右，酵母菌最适水活度在 0.88 左右，霉菌最适水活度在 0.80 左右。另外，在配制培养基时，要根据不同微生物的要求，将培养基的 pH 值调到合适的范围。常见微生物 pH 值需求的范围：细菌在 7.0～8.5，酵母菌在 3.5～6.0，霉菌在 4.0～6.0。

实际使用过程中，可根据成分来源、物理状态、用途等，对培养基进行多种分类。

1. **按培养基成分来源分类**

（1）天然培养基：该种培养基主要成分来源于复杂的天然有机物质，是实验室与发酵工厂常用的培养基。常见原料有牛肉膏、蛋白胨、马铃薯、玉米粉、麸皮、酵母膏、各种饼粉、麦芽汁、牛奶、血清等。特点是营养丰富、全面，来源广泛，价格低廉，适于微生物的生长繁殖。缺点是具体成分不清楚或不恒定。

（2）合成培养基：用化学成分完全了解的纯化合物药品配制成的培养基，也称作化学成分明确的培养基。特点是化学成分结构明确，易于重复，多用于微生物形态观察、营养代谢、品种选育、分类鉴定、遗传分析等研究。缺点是成分单一，需在培养基中添加多种成分方能

满足微生物的需求。

（3）半合成培养基：在以天然有机物作为微生物营养来源的同时，适当补充一部分成分已知的化学药品配制而成的培养基。其特点是营养成分全面，绝大多数的微生物都能在此种培养基上生长，因此应用广泛。

2. 按培养基物理状态分类

（1）液体培养基：培养基中不含任何凝固剂，配好后呈液体状态。可用于微生物的纯培养、生理生化代谢与遗传学的研究及工业发酵等。

（2）半固体培养基：在液体培养基中加入少量的凝固剂，使培养基呈硬度较小的固态。

理想的凝固剂有如下特点：凝固剂在灭菌过程中不易被破坏；凝固点温度不能太低；在微生物生长的温度范围保持固体状态；对所培养的微生物无毒害作用；不被培养的微生物分解利用；配制方便且价格低廉；透明度好，黏着力强。常用的凝固剂有琼脂粉、明胶、琼脂糖、硅胶等。微生物实验室中最常用的是凝固点 $40\,^{\circ}\text{C}$、熔点 $96\,^{\circ}\text{C}$ 的琼脂粉。

半固体培养基中常加入浓度为 $0.2\%\sim0.7\%$ 的琼脂粉，实验室常用浓度为 0.5%，可用于观察微生物的运动特征、保存菌种和噬菌体的分离纯化及制备等。

（3）固体培养基：在液体培养基中加入一定浓度的凝固剂，使培养基保持一定硬度。依据用途不同，常用琼脂粉浓度约为 $1.5\%\sim2.5\%$。培养基灭菌后倒入平皿或者试管中，制成平板或者斜面，常用于微生物的分离、鉴定、保存及活菌计数等。

（4）脱水培养基：培养基中含有除水以外的所有营养成分。常指培养基配制完成后通过一定干燥手段获得的商品化培养基粉末。按说明书加入一定量水分，灭菌后即可使用。

3. 按培养基的用途分类

（1）基础培养基（minimum medium，MM）：含有一般细菌生长繁殖需要的基本营养物质，可作为一些特殊培养基的基础成分。最常用的基础培养基是天然培养基中的牛肉膏蛋白胨培养基。

（2）加富培养基（enrichment medium，EM）：也叫营养培养基，指在基础培养基中加入一些特殊的营养物质，如血清、血液、生长因子或动物（或植物）组织液等，用于培养对营养要求苛刻的微生物，或用于分离富集某种微生物。

（3）鉴别培养基（differential medium，DM）：是一类含有某种特定化合物或试剂的培养基。微生物在这种培养基上培养后，产生的代谢产物可以与培养基中特定的化合物或试剂发生明显的特征性的反应（如颜色变化），根据这一特征性的反应可将不同的微生物区分开来。主要用于不同类型微生物的生理生化鉴定等。

（4）选择培养基（selective medium，SM）：利用微生物对某种或某些化学物质敏感性的不同，在培养基中加入这类物质，以利于所需微生物生长而抑制其他微生物的生长，从而达到分离或鉴别某种微生物的目的。

（二）灭菌

灭菌是指采用物理或化学的方法，杀死或除去物体表面和内部所有的微生物，包括高温灭菌、过滤除菌、辐射灭菌、化学药品灭菌等。灭菌是否彻底以是否杀死细菌的芽孢为标准。消毒是指消灭物体表面和内部有危害的病原菌和有害微生物的营养体，是一种常用的卫生措施。防腐是指防止或抑制皮肤表面微生物生长繁殖。无菌状态一般是通过灭菌来实现的，指体系中不存在活的微生物的状态。

1. 高温灭菌

高温能破坏微生物细胞中酶的活性,并使原生质中的蛋白质变性或凝固,引起微生物死亡。微生物细胞内蛋白质的凝固性与它本身的含水量有关,在菌体受热时,环境和细胞内含水量越多,蛋白蛋就越快凝固;含水量少,则凝固缓慢。不同微生物热阻不同,对热的抵抗力也不同,芽孢细菌热阻高,对热的抵抗力强;非芽孢细菌热阻小,对热的抵抗力弱。在同一温度下,处理的时间越长或温度越高,微生物死亡得越快。灭菌彻底与否以是否杀死细菌的芽孢为标准。

高温灭菌包括干热灭菌法和湿热灭菌法。干热灭菌法包括火焰烧灼灭菌和热空气灭菌。火焰烧灼灭菌是直接用火焰将微生物烧灼而死,如接种环的灭菌处理。热空气灭菌是用电热恒温鼓风干燥箱(图 1-1)加热,使内部干燥空气上升至 $160\sim170\,^{\circ}\mathrm{C}$ 的高温,烘烤 2h 进行灭菌,常用于平皿、试管等耐高温器皿的无菌处理。

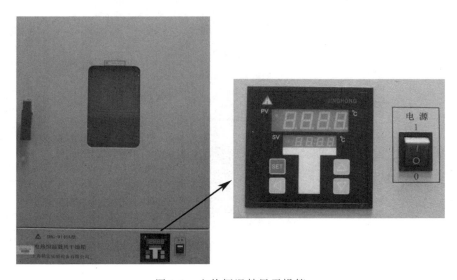

图 1-1　电热恒温鼓风干燥箱

湿热灭菌法有高压蒸汽灭菌法、巴氏消毒法、煮沸消毒法、间歇灭菌法等。对微生物进行湿热灭菌时,培养基中的微生物受热死亡的速率与残存的微生物数量成正比,这就是对数残留定律。

与干热灭菌法相比,湿热灭菌法温度较低、灭菌时间较短。同一温度下,湿热灭菌法的杀菌效力比干热灭菌法大。原因有三:一是菌体蛋白质的含水量越高其凝固温度越低,湿热环境中,细菌菌体吸收水分,蛋白质较易凝固;二是湿热灭菌法的穿透力比干热灭菌法强;三是湿热灭菌法的蒸汽冷凝时能放出大量潜热,这种潜热能迅速提高被灭菌物体的温度,从而增加灭菌效力。

(1)高压蒸汽灭菌法:目前实验室最常用、灭菌效果最好的一种灭菌方法,适用于培养基、玻璃器皿、橡皮物品、工作服等的灭菌。该方法利用水的沸点会随着压力增加而上升的特点,达到高温灭菌的目的。

高压蒸汽灭菌的装置为高压蒸汽灭菌锅(图 1-2),接通电源,加热使水沸腾而产生水蒸气,待水蒸气急剧地将锅内的冷空气从放气阀中全部排出后,关闭放气阀,继续加热。此时

图 1-2 高压蒸汽灭菌锅

由于水蒸气不能溢出,高压蒸汽灭菌锅内的压力增加,水的沸点增高,锅内温度高于100℃,引起微生物菌体蛋白质凝固变性,从而达到灭菌的目的。

一般培养基用0.1MPa,121℃,处理15~30min可以达到彻底灭菌的效果。灭菌温度及持续时间可随灭菌物品的性状等而改变。例如含糖的培养基一般用0.06MPa,112.6℃处理15min,也可以先将其他成分用121℃灭菌处理20min,再加入无菌的糖溶液。

(2)巴氏消毒法:巴斯德首先应用的一种方法,即将待消毒的液体放在63℃下加热30min或72℃加热15s,以达到杀灭致病微生物的目的,常用于饮料、牛奶、果汁、罐头类食品等。该法优点是既可杀死病原微生物又能保持待灭菌液体原有的营养和风味。

(3)煮沸消毒法:一般煮沸消毒时间为10~15min,可以杀死细菌所有营养细胞和部分芽孢。若想增强杀菌效果,可延长煮沸时间,并加入1%碳酸氢钠溶液或2%~5%石炭酸溶液。

(4)常压间歇灭菌法:通过反复多次的流动蒸汽间歇加热以达到灭菌的目的。将培养基放入灭菌锅内,100℃加热30min,1次/d,连续3d。第一天加热可杀死营养体,将培养物取出，放 37℃孵育 18～24h，其中残存的芽孢受热后会发芽变为营养体；第二天再用 100℃加热处理 30min，则新形成的营养体又被杀死，但可能仍然有芽孢存在，所以应再重复一次，以达到彻底灭菌的效果。

（5）超高温瞬时杀菌：在温度和时间分别为 140～150℃，2～5s 的条件下，对牛乳或其他液态食品（如果汁及果汁饮料、豆乳、茶、酒及矿泉水等）进行处理的一种工艺。该法既能杀死产品中的微生物，又能较好地保持食品品质与营养价值。

2. 过滤除菌

通过机械作用滤去气体或液体中的微生物的方法。根据不同的需要选用不同的滤器和滤板材料。常用于高温灭菌会被破坏的材料的无菌处理，如血清、抗生素等。一次性细菌滤器（图 1-3）中的滤膜是用醋酸纤维酯和硝酸纤维酯的混合物制成的薄膜，有不同的孔径，实验室中用于除菌的滤膜孔径一般为 0.22μm 和 0.45μm。

图 1-3　一次性细菌滤器

3. 紫外线灭菌

波长在 200～300nm 的紫外线易被细胞中的核酸吸收，造成细胞损伤而起到杀菌作用（波长 265～266nm 的紫外线杀菌力最强）。波长相同，紫外线的杀菌效率与强度和时间的乘积成正比。紫外线杀菌的原理主要是，它能诱导胸腺嘧啶二聚体的形成与 DNA 链的交联，从而抑制 DNA 的复制。但是紫外线穿透力弱，仅适用于无菌室，手术室内空气、接种箱及物体表面的灭菌。

4. 电子束辐照灭菌

指以电力为能源基础，利用射线的穿透性，用一种可控的电子束辐照穿透物品，使被照射物质吸收电子束辐射能量后产生一系列的生物学效应，以杀死被照物体表面或内部的微生物，达到杀菌、保鲜的目的。该法广泛应用于医疗产品、农产品、海产品、化妆品的灭菌以及改色、着色等加工方面。它是 21 世纪以来用得最好的一种辐照灭菌技术，具有定向性好，辐照剂量均匀，功率密度高，灭菌速度快，灭菌时间短，环保且对环境无污染，加工速度快，产品氧化效应小，材料性能退化小等特点，尤其适用于一些不宜进行加热、熏蒸、湿煮处理的食品。相比电子加速器辐照灭菌，钴 60 辐照灭菌在重复性的利用率上较差；另外，气体化学辐照灭菌时间长且有有害气体残留，影响产品的后期使用；X 线辐照灭菌成本更高，所以利用上不是很好；高温高压熏蒸辐照灭菌正慢慢被淘汰。

5. 化学药品灭菌

应用能抑制或杀死微生物的化学制剂进行消毒灭菌的方法,包括杀菌剂、抑菌剂等。杀菌剂指破坏微生物的代谢机能并有致死作用的化学药物,如重金属离子等;而抑菌剂只是阻碍或抑制微生物代谢,使其不能增殖,如磺胺类及大多数抗生素等。实验室中常用的化学药品有:75%乙醇溶液,3%~5%煤酚皂溶液(来苏尔),1%新洁尔灭,0.1%升汞溶液,3%~5%甲醛溶液等。

常用细菌培养基是牛肉膏蛋白胨培养基,常用放线菌培养基是高氏一号合成培养基,常用酵母菌培养基是麦氏培养基,常用丝状真菌培养基是马铃薯蔗糖培养基(PDA 培养基)和查氏培养基。常用培养基配方见附录。本次实验内容是牛肉膏蛋白胨培养基的制备。牛肉膏蛋白胨培养基是一种最普通、应用最广泛的微生物基础培养基;主要成分是牛肉膏、蛋白胨、氯化钠。牛肉膏为微生物提供碳源、磷酸盐和维生素;蛋白胨提供氮源与维生素;氯化钠作为无机盐起作用。

三、实验器材

1. 实验材料

10×浓缩肉汤,1mol/L NaOH 溶液,1mol/L HCl 溶液,琼脂粉,蛋白胨,蒸馏水,牛肉膏,NaCl。

2. 培养基

牛肉膏蛋白胨培养基:3g 牛肉膏,10g 蛋白胨,5g NaCl,1000mL ddH_2O,pH 7.2~7.4。

3. 器皿和仪器

量筒,移液管,烧杯,小试管,中试管,搪瓷杯,pH 试纸,500mL 锥形瓶,玻璃棒,称量纸,电子天平,微波炉,电磁炉,高压蒸汽灭菌锅。

四、操作步骤

1. 10×浓缩肉汤培养液的配制

按培养基配方称取 30g 牛肉膏、100g 蛋白胨和 50g NaCl 于容器中,适当加热溶解后以 ddH_2O 定容至 1000mL。

2. 浓缩肉汤的稀释

每大组取 50mL(4 人/大组)稀释 10 倍,用低浓度 NaOH 溶液或 HCl 溶液调整 pH 值至 7.2~7.6,最后定容到 500mL。

注意:不要调过头,以免由于回调而影响培养基内各离子的浓度。

3. 实验分组

每 4 位同学作为一大组,再均分成 A、B 两小组,每小组各取 250mL 培养液。

A 组:配液体培养基和半固体培养基。

液体培养基:取稀释后的培养液 20mL 分装入 5 支小试管中,每支 4mL。

半固体培养基:取稀释后的培养液 30mL 于小烧杯中,加入 0.5% 的琼脂粉(0.15g),加热溶化,补液,分装入 6 支小试管中,每支 5mL。

B 组:配液体培养基和斜面培养基。

液体培养基:取稀释后的培养液 20mL 分装入 5 支小试管中,每支 4mL。

斜面培养基:取稀释后的培养液 30mL 于小烧杯中,加入 1.8% 的琼脂粉(0.54g),加热溶化,补液,分装入 5 支中试管中,每支 6mL。

每小组剩余 200mL 培养液,分别置于 500mL 锥形瓶中,加入 1.8%(3.6g)的琼脂粉。

注意:琼脂粉溶化过程中,注意控制火力,避免因沸腾而溢出。溶化过程中需不断搅拌,以防琼脂粉糊底烧焦,避免使用铜锅或铁锅加热溶化,否则离子进入培养基中,会影响微生物的生长繁殖。

4. 加塞和包扎

分别对试管和锥形瓶加塞,用棉线和牛皮纸包扎后准备灭菌。

5. 标记

在靠近试管口 2cm 处及锥形瓶瓶体上贴标签,注明培养基名称,制作者的班级、姓名及日期。

6. 湿热高压灭菌

将所有物品摆放于高压蒸汽灭菌锅内,以 121℃,20min 条件进行高压蒸汽灭菌。

7. 搁置斜面

灭菌完成后,取出需放置斜面试管按图 1-4 摆放,待冷却后收起。

注意:培养基应盖住试管整个底部,斜面上端距试管口 2cm 左右。

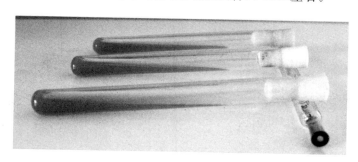

图 1-4　斜面摆放

8. 倒平板

灭菌完成后,将装有培养基的锥形瓶取出,当用手触摸锥形瓶感觉刚好不烫手时按图 1-5 所示倒平板。

(1)用酒精棉球擦拭双手和实验台面,点燃酒精灯,将无菌平皿叠放在桌面上;

(2)取掉包扎锥形瓶的棉线和牛皮纸,右手拿锥形瓶,瓶口靠向酒精灯,待左手拔出塞子,迅速将瓶口旋转通过火焰三次;

(3)左手打开平皿盖,右手将锥形瓶中的培养基(15~20mL)倒入平皿中,盖上盖子,待其凝固后,倒置放置。

图 1-5　倒平板

五、实验报告

1. 实验结果

将培养基放于 37℃ 环境中培养过夜,观察并记录有无细菌及真菌生长。

2. 思考题

(1)培养基配制的影响因素有哪些?

(2)培养基配好后为什么要立即灭菌?

(3)干热灭菌和高压蒸汽灭菌设定温度和时间的依据是什么?

六、实验拓展

对异养微生物来说,含 C、N 的化合物既是碳源也是氮源,为什么? 有些微生物需添加特殊营养物质才能生长繁殖,为什么?

(潘佩蕾)

实验 2　发酵种子制备

一、目的要求

1. 掌握发酵种子制备的一般方法;
2. 熟悉发酵种子制备的基本原理和注意事项。

二、基本原理

对于规模较大的发酵体系,用保藏中的微生物菌种进行发酵时,往往需要从活化菌种开始,逐步放大培养体系。在这个过程中,用于接种到下一级、扩大培养体系的培养物就是种子。在实验室中,种子制备常指将保藏的菌种转接入种子培养基中培养,使菌种繁殖以获得一定菌量的过程。在生产车间中,种子制备常指在种子罐中的扩大培养。

按照培养对象、培养条件等,可将种子培养方法进行多种分类。按通气情况可以分为静置培养和通气培养两大类。静置培养是指将微生物菌种接种到培养基中以后,不通气、不搅拌,静置在一定温度条件下培养的方法,该方法常用于厌氧菌和兼性厌氧菌的培养。通气培养是指在微生物培养过程中,通入空气或氧气,同时控温搅拌,以维持一定的温度和溶解氧水平的培养方法,该方法常用于好氧菌的培养,也可用于兼性厌氧菌的培养。

按培养基物理状态可以分为固体表面培养、固体深层培养和液体深层培养。

固体表面培养属于好氧静置培养,是将微生物菌种接种到固体培养基表面,再控温静置培养的方法。由于生长过程中微生物与空气接触的机会较多,固体表面培养比较适合好氧菌的生长。该方法培养的微生物其生长速度往往与培养基的厚度有关。培养基越薄,比表面积越大,培养体系供氧越充分,菌体的生长越快。

第二种培养方法是固体深层培养,指在固体培养基中加入一些在水中不溶解(或不完全溶解)的基质,例如稻壳、麸皮等,从而使培养基结构变得疏松,保证培养基的深层可以和空气较好地接触。这样微生物在生长过程中很容易进入培养基深层,从而获得更大的生物量。

第三种培养方法称为液体深层培养,也是最常用的微生物种子培养方法。在具体操作过程中,往往从种子罐底部通入空气,再利用搅拌桨叶的剪切力使空气分散成微小气泡,以促进氧的溶解。这样就可以按照生产菌种对代谢的营养要求,以及不同生理时期对通气、搅拌、温度与 pH 等条件的要求,进行有针对性的调控,使微生物生长和代谢达到更好的状态。液体深层培养尤其适用于好氧菌。实验室中采用的摇瓶恒温振荡液体培养,也可看作是一种简单的液体深层发酵。

种子制备的过程因菌种而异。对于丝状微生物,如霉菌、放线菌,一般要先制备斜面种子,再取斜面种子产的孢子接种至摇瓶培养,而摇瓶培养的菌体则可以作为进一步放大培养的种子。丝状微生物的扩大培养过程大致如图 2-1 所示。

图 2-1　丝状微生物的扩大培养过程

对于单细胞微生物,如细菌、酵母菌,可以直接制备摇瓶种子,用于扩大培养。单细胞微生物的扩大培养过程大致如图 2-2 所示。

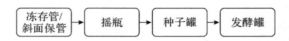

图 2-2　单细胞微生物的扩大培养过程

微生物发酵必须要用生长良好的种子接种,制备生长良好的种子非常重要。生长良好的种子一般有以下标准:菌种细胞的生长活力强,移种至发酵罐后能迅速生长,延滞期较短;生理性能稳定;菌体总量及菌体密度能满足发酵罐的要求;无杂菌污染;可保持稳定的生产能力。

影响种子质量的因素很多,主要包括培养基、培养条件、种龄、染菌控制等。

(1)培养基:培养基是为微生物细胞生长提供营养和生长环境的基质,往往包含水、碳源、氮源、无机盐、生长因子及必要的支持物等。不同的微生物需要用不同的培养基进行培养。细菌的斜面培养多采用牛肉膏、蛋白胨等配制培养基。放线菌的孢子培养一般以麸皮、豌豆浸汁、蛋白胨等配制培养基。霉菌的孢子培养常以大米、小米、土豆、玉米、麸皮、麦粒等天然农产品配制培养基。

(2)培养条件:主要影响因素是温度、pH 和溶解氧(dissolved oxygen,DO)。任何微生物的生长都有一个合适的温度范围和 pH 范围。温度会影响细胞内酶的活性以及细胞膜的状态。一方面在合适温度范围内,温度越高微生物生长越快;另一方面,不同生长阶段的微生物对温度偏好略有不同。种子培养大多会采用微生物的最适生长温度。pH 的影响主要表现为氢离子浓度对微生物代谢相关酶系的影响。pH 改变会改变微生物细胞内酶的活性,从而影响新陈代谢。另外,溶解氧也会影响微生物的生存和代谢,对于好氧微生物而言影响尤其显著。不同微生物生长所要求的溶解氧水平不同,同一菌种不同生长阶段的需氧量也有差异。以上各培养条件有时还存在交互作用,因此具体操作时,往往需要有针对性地进行综合优化和调整。培养条件的控制可以以微生物生长迅速、细胞形态均一、发酵单位正常为控制标准。

(3)种龄:是指微生物细胞进入一个新培养体系后培养的时间。种龄是影响种子质量的重要因素。种龄过大,菌种趋于老化,生产能力下降,菌体自溶能力增强;种龄过小,发酵前期生长缓慢,不易获得高产。不同菌种或同一菌种在不同发酵条件下,种龄的要求不一样,需要通过多次试验来确定。细菌一般采用对数生长期的细胞作为种子。孢子种子一般会控制在孢子量多、孢子成熟、发酵单位正常的阶段。

（4）染菌控制：种子必须保证无杂菌污染。必要时要对种子做无杂菌检验,确保无杂菌污染后,才能向发酵培养基中接种。发现种子染菌,应及时进行处理。如果菌种不纯,需要对菌种进行纯化,直至获得纯种。如果菌种被噬菌体污染,应当予以废弃或更换菌种。

米曲霉（*Aspergillus oryzae*）属于丝状真菌,主要产蛋白酶和糖苷酶,在发酵工业中应用广泛;大肠杆菌（*Escherichia coli*）属于单细胞细菌,为基因工程模式生物,是外源基因原核表达中最常用的表达宿主,广泛用于生物技术很多领域。本实验分别讲述米曲霉斜面种子、米曲霉摇瓶种子和大肠杆菌摇瓶种子的制备过程。

三、实验器材

1. 实验材料

米曲霉斜面（30℃,培养 40～48h）,大肠杆菌斜面（37℃,培养 18～24h）,蔗糖,酵母提取物,蛋白胨,琼脂粉,马铃薯。

2. 培养基

（1）PDA 培养基：清洗马铃薯,去皮,称取 20g,切成约 1cm³ 的立方块,置于蒸馏水中煮沸 20min,捣碎马铃薯,用 3 层纱布过滤、挤压,得马铃薯汁。每 100mL 体积马铃薯汁中加入琼脂粉 2g,煮沸至琼脂粉溶解,加入蔗糖 2g,搅拌至溶解,补水至 100mL,装入三角瓶中,121℃灭菌 20min,然后可倒平板或摆斜面,至冷却后,备用。

（2）米曲霉液体培养基：按照 PDA 培养基制备中所述的方法制备马铃薯汁,然后在马铃薯汁中加入蔗糖 2g,搅拌至溶解,补水至 100mL,装入三角瓶中,每 500mL 三角瓶中装 50mL,pH6.0～7.0（自然）,121℃灭菌 20min。

（3）LB 培养基：胰化蛋白胨 10g/L,酵母提取物 5g/L,NaCl 10g/L, 琼脂粉 20g/L（固体培养基用）,用 5mmol/L NaOH 调 pH 至 7.0,121℃灭菌 20min。

3. 器皿和仪器

试管,三角瓶,纱布,锥形瓶,培养皿,煮锅,砧板,刀,显微镜,血球计数板,分光光度计,电子天平,恒温培养箱,烘箱,恒温振荡培养器,微量移液器,高压蒸汽灭菌锅,电磁炉。

四、操作步骤

（一）米曲霉斜面种子的制备

1. 制备过程

从米曲霉斜面挑取菌种,接种至 PDA 斜面培养基,置于 30℃下恒温静置培养。期间,观察生长情况,并记录。待菌落长成黄褐色至淡绿褐色,按照 15mL PDA 培养基加 9mL 无菌水的比例加入无菌水,并用接种环先轻轻刮琼脂表面,再轻微振荡,使米曲霉孢子从培养基表面洗落。最后,将孢子悬液转移至无菌的锥形瓶中,即得米曲霉斜面种子,备用。

取备用米曲霉斜面种子液少许,置于显微镜下检查是否有杂菌污染,并用血球计数板对米曲霉斜面种子液浓度进行测定。

2. 孢子计数

取清洗干净、无菌的血球计数板,将血球计数板的盖玻片放在计数室上面两边的平台架上。用微量移液器将菌液反复吹打数次,菌液充分混匀后立即吸取少量菌液,滴加在盖玻片与血球计数板的边缘缝隙处,让菌液沿盖玻片与血球计数板间的缝隙渗入计数室,避免计数室内产生气泡。再用镊子轻压一下盖玻片,以免因菌液过多使盖玻片浮起而改变计数室的实际体积。静置片刻,待菌体自然沉降且稳定后,可在显微镜下选择中方格区并逐格计数。若中方格区的孢子数为 x,则 $x \times 25 \times 10^4$ 即为每毫升菌液的孢子数量。

(二)米曲霉摇瓶种子的制备

1. 制备过程

取米曲霉斜面种子液,按照 2‰ 的接种量将其接种至米曲霉液体培养基,置于 30℃、180r/min 条件下振荡培养。期间,观察生长情况,每隔 1h 取样 3mL,检测细胞干重,并制作生长曲线。待培养基布满菌丝后,停止恒温振荡培养,摇松菌丝体,即得米曲霉摇瓶种子,备用。

取备用米曲霉摇瓶种子液少许,置于显微镜下检查是否有杂菌污染。

2. 生物量测定

取 5mL 离心管,进行称重,标记重量为 W_0。取米曲霉摇瓶培养液 3mL,置于标记好重量的 5mL 离心管中,8000r/min 离心 10min 收集米曲霉细胞,弃上清液。将收集有米曲霉细胞的离心管盖子打开,置于烘箱中,65℃烘干,期间每隔 1h 用分析天平称重一次,待两次重量不再变化时,即可认为已经烘干。此时,离心管的重量计为 W_1,则 $(W_1 - W_0)/5$ 即为每毫升培养液的细胞干重。

(三)大肠杆菌摇瓶种子的制备

1. 制备过程

取大肠杆菌斜面挑取菌种,接种至 LB 培养基,置于摇床中,37℃、180r/min 下恒温振荡培养。期间,每隔 30min 取样 1mL,检测 600nm 吸收波长下的吸光值 OD_{600},并制作生长曲线。待 OD_{600} 值达到 0.6~0.8 时,停止恒温振荡培养,即得大肠杆菌摇瓶种子,备用。

取备用大肠杆菌摇瓶种子液少许,进行革兰染色,并置于显微镜下检查是否有杂菌污染。

2. 生物量测定

大肠杆菌摇瓶种子液的生物量测定可采用比浊法。取菌液 1mL 置于 1.5mL 离心管中,10000r/min 离心 1min 沉淀菌体,弃上清液,再用 1mL 蒸馏水重悬菌体,制成细胞悬液。以蒸馏水为参照,在 600nm 吸收波长下测定细胞悬液的 OD_{600} 值。如果测定出的 OD_{600} 值大于 1,需要将细胞悬液用蒸馏水稀释后再测。

五、实验报告

1. 实验结果

(1)分别测定米曲霉斜面种子、米曲霉摇瓶种子和大肠杆菌摇瓶种子的生物量,并记录生长情况(表 2-1、表 2-2、表 2-3)。

表 2-1　米曲霉斜面种子的生长情况记录

编号	1	2	3	4	5	6	7	8	9
时间									
孢子数/(个·mL^{-1})									

表 2-2　米曲霉摇瓶种子的生长情况记录

编号	1	2	3	4	5	6	7	8	9
时间									
干重/(mg·mL^{-1})									

表 2-3　大肠杆菌摇瓶种子的生长情况记录

编号	1	2	3	4	5	6	7	8	9
时间									
OD$_{600}$									

　　(2)分别对米曲霉斜面种子、米曲霉摇瓶种子和大肠杆菌摇瓶种子进行显微镜检查,记录是否有杂菌污染(表 2-4、表 2-5、表 2-6)。

表 2-4　米曲霉斜面种子的镜检记录

编号	1	2	3	4	5	6	7	8	9
时间									
镜检情况									

表 2-5　米曲霉摇瓶种子的镜检记录

编号	1	2	3	4	5	6	7	8	9
时间									
镜检情况									

表 2-6　大肠杆菌摇瓶种子的镜检记录

编号	1	2	3	4	5	6	7	8	9
时间									
镜检情况									

2. 思考题

(1)如何提高种子质量?

(2)如何避免种子染菌?

六、实验拓展

在发酵过程中发现杂菌污染，如何防止种子带杂菌？

（陈少云）

实验 3　发酵罐的构造及使用

一、目的要求

1. 掌握发酵罐清洗与消毒灭菌的基本操作；
2. 熟悉发酵罐的使用；
3. 了解实验室常用发酵罐的类型、基本结构和工作原理。

二、基本原理

发酵罐是进行微生物学、发酵工程、医药工业等科学研究所必需的设备，配备有控制器和各种电极，可以自动调控试验所需要的培养条件。

1. 机械搅拌式发酵罐的基本结构

机械搅拌式发酵罐结构基本相同，主要包括以下几大系统。

（1）发酵罐体：发酵罐体小于 10L 的是用耐压玻璃制作的，能整体进行高压灭菌；10L 以上的是用不锈钢板制作的，配有在位灭菌系统（SIP）。培养细菌时为增加溶氧量，通常采用高转速，高径比一般为 2.5～3.0，所以用于细菌等微生物培养的罐体通常瘦而长。

（2）搅拌系统：各类发酵罐的搅拌器多种多样，有旋桨式、涡轮式、框式、锚式等，叶片为 3～8 个。主要通过搅拌流动增加气液交换的机会以提高溶氧值。

（3）通气系统：在培养过程中有效而经济的供氧是极为重要的，一旦中断供氧，菌体就会在几秒内耗光溶氧而死亡。通气管的出口一般位于距罐底约 40～50mm 的搅拌器正下方，空气由通气管喷出上升时，被搅拌器打碎成小气泡，与培养液充分混合。一般在气体进入罐体前安装一个 0.22μm 的除菌滤器作为无菌保证。排气口一般装有控制阀，有的还装有冷凝器和过滤器。

（4）冷却系统：在发酵过程中，由生物氧化和机械搅拌产生的热量必须及时除去，现在一般都用散热器和冷却水进行恒温控制。

（5）在位灭菌系统：实验室发酵罐体积小（10L 以下），一般是安装好后送入高压灭菌锅整体灭菌。对于大体积发酵罐，一般都配有灭菌管道和灭菌程序，目前有电热和蒸汽两种灭菌系统。

（6）液体进出系统：主要为发酵过程提供新鲜培养基或补料，还有投料、采样和收获之用。

(7)参数控制系统:主要有转速控制、温度控制、pH 控制、溶氧控制、液位控制等。

2. 发酵罐清洗和灭菌原理

不管是在实验室中还是在生产实际过程中,发酵罐在使用后都必须进行全面清洗和灭菌。尤其是前后两次培养不同的菌种时,为防止不同菌种之间交叉污染,清洗和灭菌工作非常必要。发酵罐的清洗范围包括罐内任何可清洗的部分,如喷嘴内部、取样管内以及罐顶等易被忽视的部分,一旦清洗不干净就会成为杂菌滋生地,引起污染。罐体清洗主要是除去附着在内壁和罐底的沉积物,一般是用清水浸泡、搅拌、冲刷,必要时还需人工铲除;管道清洗通水冲净即可,最好通沸水以提高洗涤效率。

通常在实验之前,必须先对发酵罐进行空消和实消。其主要工作原理是,在一定温度下微生物热死速率遵循分子反应速度理论。即微生物的热死速率与任一瞬间残存的活菌数成正比,即对数残留定律。即

$$\frac{dN}{dt} = -kN \tag{3-1}$$

式中:$\frac{dN}{dt}$ 为微生物瞬间死亡速率(个/min);

k 为微生物死亡速率常数(min^{-1});

N 为残余的活菌数。

积分得

$$\int_{N_0}^{N_t} dN/N = -k\int dt \tag{3-2}$$

即

$$\ln N_t - \ln N_0 = -kt \tag{3-3}$$

$$t = -\left(\ln\frac{N_t}{N_0}\right)/k = -\left(2.303\lg\frac{N_t}{N_0}\right)/k = \left(2.303\lg\frac{N_0}{N_t}\right)/k \tag{3-4}$$

式中:N_t 为经 t 时间灭菌后残余的菌数;

N_0 为开始灭菌时的原有活菌数。

上面的公式中有两点值得注意:

(1)活菌计数。由于营养菌体不耐热,一般以芽孢菌数或芽孢数作为计算的依据。

(2)灭菌程度。即残留菌数。如果彻底灭菌即 $N_t = 0$,从理论上讲灭菌所需的时间应为无穷大,事实上这是不可能的。一般采用 $N_t = 0.001$,即允许 1000 次灭菌中有一次失败的机会。若采用 D 来表示 1/10 衰减时间,即 $D = 2.303/k$,或 $k = 2.303/D$。测出了 D 后就可根据上式求出杀菌速度常数 k。

各厂家生产的发酵罐会有所差别,但基本原理是相同的。现以全自动不锈钢发酵罐(30L)及控制系统为例,说明发酵罐的结构。

三、实验器材

1. 实验材料

PDA 液体培养基(14L),冷却水,水蒸气等。

2. 器皿和仪器

全自动不锈钢发酵罐(30L)及控制系统(下称 30L 发酵罐),空气除菌过滤器。

四、操作步骤

1. 认识发酵罐的各部分结构

以 30L 发酵罐为例，说明发酵罐的结构特点。该发酵罐的基本结构包括三部分结构：罐体和控制箱、空气压缩机、蒸汽发生器，主要介绍罐体和控制箱。

（1）罐体：该发酵罐罐体（图 3-1）为不锈钢圆筒，容积为 20L，径高比 $D:H=1:2.28$。顶盖上有几个孔口（图 3-2），分别是加料及接种口、温度计口、补料口、DO 电极口、pH 电极口、消泡电极口、取样管口、搅拌器（图 3-3）及冷凝管口等。发酵罐放置在罐座上，还设有灭菌入口、升温和冷却装置等。

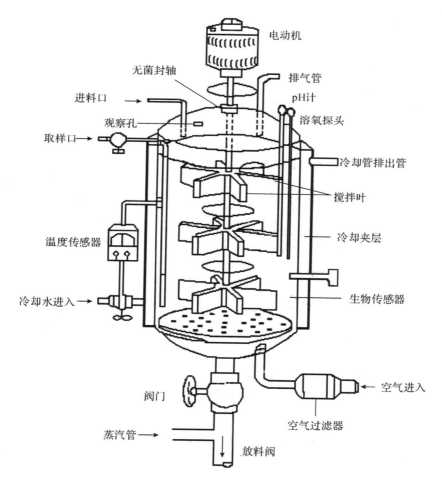

图 3-1　市售 30L 发酵罐结构

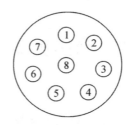

1. 加料及接种口;2. 温度计口;3. 补料口;4. DO 电极口;5. pH 电极口;6. 消泡电极口;7. 取样管口;8. 搅拌器及冷凝管口

图 3-2　市售 30L 发酵罐顶盖及各孔口

1. 圆盘平直叶涡轮搅拌器;2. 圆盘弯叶涡轮搅拌器;3. 圆盘箭叶涡轮搅拌器

图 3-3　常见发酵罐搅拌器

(2)控制箱:控制箱由下列几部分构成。

参数输入及显示装置:用以输入控制发酵条件的各种参数及显示发酵过程中罐内培养液的温度,pH、DO 的测定数值。

电极校正装置:用以校正 pH 电极和 DO 电极等。

酸、碱泵:用以向发酵罐中加入酸液或碱液以调节培养液中的 pH。

消泡剂加入泵:用以向发酵罐加入消泡剂,以消除发酵过程中产生的过多泡沫。

报警灯及蜂音器按钮:若发酵过程中电路发生故障,如显示屏上显示温度或 DO 闪动时,即超出本机的测定值,则报警红灯亮并发出"嘀嘀"声。按此钮则"嘀嘀"声可消除,但只有故障排除红灯才会熄灭。

自动或人工控制按钮:用以决定本控制器处在自动控制或人工控制状态。

电极连接导线:有三条连接导线,分别与 pH 电极、DO 电极和消泡电极连接。

(3)空气压缩机:为 VW-0.05 型,排气量 0.05m³/min,0.7MPa,0.55kW/220V。

(4)蒸汽发生器:可自动供水加水,功率 9kW/220V,主要对发酵罐进行在位灭菌。

2. 发酵罐的清洗

打开罐底排污阀,用冷水冲洗罐壁,如罐内壁有难清除的沉积物,操作时还须人工铲除,否则易包藏杂菌成为污染源。与罐体相连的取样管道、进料管道、排污管道及有关阀门都要通水反复冲洗干净,洗完后盖上孔盖。

3. 空气管路空消操作

(1)关闭空气减压阀后的球阀,徐徐打开过滤器下方蒸汽阀。

(2)调整蒸汽阀门和排气阀,压强控制在 0.12～0.15MPa。

(3)微微开启过滤器下排气阀和空气管路下阀门,排除冷凝水、冷空气。

(4)保持蒸汽压 0.12～0.15MPa 30min。

由远至近关闭排气阀、蒸汽阀,打开空气阀(吹干管路水 20min),保证压力不为 0。

4. 发酵罐空消操作

（1）排除罐内水分。打开罐底出口，排放罐内残留水分。

（2）适度打开罐顶各排气阀，如加料及接种口、排气口、补料口阀门，以便排出空气。同时开三路进汽（罐底、风管、取样管）。

（3）开始时，蒸汽以下进上出为主。蒸汽由罐底和风管进入，由罐顶所有排气阀排出冷空气。

（4）当罐压上升至 0.10～0.12MPa 时，保持灭菌 20min；

（5）保压时间到，关闭蒸汽阀门，打开空气阀门，排气到罐压为 0。

空消允许蒸汽直接进入发酵罐，但同时必须注意要将夹套接通大气，防止高温产生的高压将夹套挤破。

5. 发酵罐的实消操作

（1）进料：空消完毕后进料（事先配制好 14L PDA 液体培养基，装液量控制在 70%），进料约 2/3 体积时，开始搅拌。由于加热时物料糊化膨胀，所以先不定容，当温度达到 70℃ 时，定容。

（2）液化：底路直接进蒸汽加热至 75℃ 左右，关蒸汽，从进风管通入少量空气翻腾 10～15min，关闭进气。

（3）实消：盖好盖子进行实消，先将蒸汽管道内的残存水放完，然后通三路蒸汽，一路通罐底，一路进内管，一路通取样管，同时打开罐顶所有排气阀门，让蒸汽排出，先大后小，待空气排出后关闭各排气阀，保持罐压为 0.10～0.12MPa，灭菌 20min。保压时间到，关蒸汽，开冷却水对发酵罐进行降温，待温度冷却至 35℃ 左右时接种。

五、实验报告

1. 通气搅拌发酵罐基本的结构包括哪些？

2. 图 3-4 是小型发酵罐结构示意图，请根据提示在图数字旁写出各孔口名称。

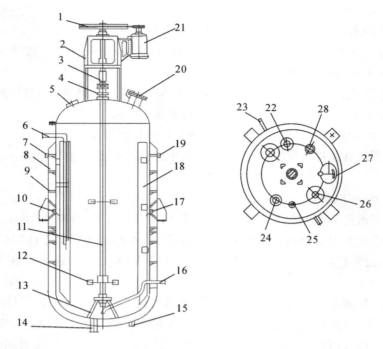

图 3-4 小型发酵罐结构

问题 1 提示：1. 三角皮带转轴；2. 轴承支柱；3. 联轴节；4. 轴封；5. 窥镜；6. 取样口；7. 冷却水出口；8. 夹套；9. 罐壁；10. 温度计；11. 轴；12. 搅拌器；13. 底轴承支架；14. 放料口；15. 冷水进口；16. 通风管；17. 热电偶接口；18. 挡板；19. 接压力表；20. 手孔；21. 电动机；22. 排气孔；23. 取样口；24. 进料口；25. 压力表接口；26. 窥镜；27. 手孔；28. 补料口

3. 蒸汽灭菌时为什么必须排出罐内冷空气？

六、实验拓展

发酵罐的种类虽然多,但其结构却基本相同,请结合本实验学习体会自己设计一个简单的通用发酵罐,标出各部分名称及作用。

（葛立军）

实验4　发酵液中微生物生物量的测定

实验 4-1　酵母菌的显微直接计数法

一、目的要求

1. 掌握显微镜下微生物细胞直接计数的方法；
2. 熟悉微生物计数的原理；
3. 了解血细胞计数板的构造。

二、基本原理

将经过适当稀释的微生物细胞加至血细胞计数板的计数室中,在显微镜下逐格计数。由于计数室的容积是固定的($0.1mm^3$),故可将在显微镜下计得的微生物细胞数换算成单位体积试样中的含菌量。此法所计得数值为样品中的活菌数和死菌数的总和,故称为总菌计数法。它具有直观、简便和快速的优点。

血细胞计数板是一块特制的精密载玻片(图 4-1),载玻片上有 4 条长槽,将玻片中间区域分隔成 3 个平台,中间平台比两边的平台低 0.1mm,此平台中间又有一条短槽将其分隔成 2 个短平台,在 2 个短平台上各有 1 个相同的短格网。它被划分为 9 个大格,其中中央大格即为计数室。该计数室又被精密地划分为 400 个小格,但计数室还有 25 个中格或 16 个中格两种类型,每个中格四周均有双线界限标志,以便在显微镜下区分。

因此,两种中格类型计数室的总体积是一样的。即计数室大方格的边长为1mm,故面积为$1mm^2$,计数室与盖玻片间的深度为 0.1mm,所以计数室的体积为 $0.1mm^3$。计数时,先计得若干中格内的含菌数,再求得每中格菌数的平均值,然后乘上中格数(16 或 25),就可得出 1 大方格($0.1mm^3$)计数室中的总菌数,若再乘以 10^4(换算成 1mL 的含菌量)及菌液的稀释倍数,即可算出每毫升原菌液中的总菌数。

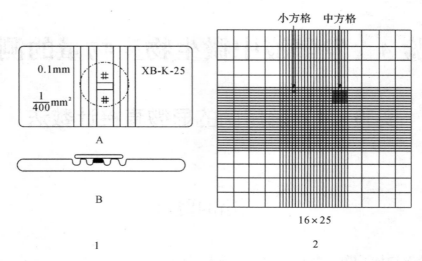

1. 计数板的正面(A)与纵切面(B);2. 计数板的计数室

图 4-1　血细胞计数板

三、实验器材

1. 实验材料

酿酒酵母(*Saccharomyces cerevisiae*),95%乙醇棉球,无菌生理盐水,内装玻璃珠的三角瓶,1×磷酸盐缓冲液(pH7.0)。

2. 培养基

麦芽汁培养基:麦芽汁 70mL,自然 pH(约 6.4),蒸馏水定容至 1000mL,121℃灭菌 20min,冷却至室温。

3. 器皿和仪器

显微镜,血细胞计数板、配套的计数板盖玻片等,微量移液器,试管移液管,滴管,擦镜纸,吸水纸等。

四、操作步骤

1. 酵母菌发酵液的稀释

取酿酒酵母菌发酵液 10mL,倒入含有玻璃珠的三角瓶中,充分振荡使细胞分散。精确吸取 0.5mL 菌液至装有 4.5mL 无菌生理盐水的试管中,混匀,然后吸取 0.5mL 稀释的菌液至另一装有 4.5mL 无菌生理盐水的试管中,如此循环操作 6～8 次,用 10 倍梯度稀释法把发酵液稀释成一系列的浓度梯度。为提高计数精确度,菌液应稀释到每一计数板的中方格平均有 15～20 个细胞数为宜。

2. 血细胞计数板的清洗

先用自来水冲洗,再用 95％乙醇棉球轻轻擦洗后用水冲洗,最后用吸水纸吸干。经镜检确认计数室上无污染物或黏附的微生物细胞后才可使用。盖玻片也做同样清洁处理。

3. 加菌液

将计数板的盖玻片放在计数室上面的两边平台架上,用细口滴管将菌液来回吹吸数次,使菌液充分混匀并使滴管内壁吸附完全后,立即吸取少量酵母菌悬液滴加在盖玻片与计数板的边缘缝隙处,让菌液沿盖玻片与计数板的缝隙渗入计数室,以避免计数室内产生气泡。再用镊子轻碰一下盖玻片,以免因菌液过多将盖玻片浮起而改变计数室的实际容积。静置片刻,待菌体自然沉降稳定后,即可在显微镜下选择中格区并逐格计数。

4. 计数

先在低倍显微镜下寻找计数板大方格网,再在大方格网中央寻找计数室并将其移至视野的中央,转用高倍显微镜观察和计数。为了减少计数中的误差,所选的中格位置及样品含菌量均应具有代表性,通常选取 25 个中方格计数室内的 5 格(即 4 个角与中央)计取其含菌数。为提高精确度,每个样品必须重复计数 2～4 个计数室内的含菌量,若误差在统计的允许范围内,则可求其平均值。

5. 清洗

计数完毕,计数板先用蒸馏水冲洗,吸水纸吸干,再用乙醇棉球轻轻擦拭后用水冲,最后用擦镜纸擦干。计数室上的盖玻片亦做同样的处理,最后放入计数板的盒中。

五、实验报告

1. 实验结果

将实验结果记录到表 4-1 中。

表 4-1　显微直接计数法实验结果记录

	中方格菌数					中方格菌数 (平均值)	大方格 总菌数	稀释 倍数	菌数/ (个·mL^{-1})
	n_1	n_2	n_3	n_4	n_5				
第一室									
第二室									
第三室									

$$菌数=\frac{n_1+n_2+n_3+n_4+n_5}{5}\times25(或\ 16)\times10^4\times稀释倍数 \tag{4-1}$$

2. 思考题

(1)为什么显微直接计数法可计得样品的总菌数?

(2)试说明计数室产生气泡的原因及防治措施。

六、实验拓展

为探究培养液中酵母菌种群数量的动态变化,某同学进行了如下操作。其中操作错误的是( )

A. 将适量干酵母放入装有一定浓度葡萄糖溶液的锥形瓶中,在适宜条件下培养。

B. 将培养液振荡摇匀后,用吸管从锥形瓶中吸取一定量的培养液。

C. 在血球计数板中央滴一滴培养液,盖上盖玻片并用滤纸吸去边缘多余培养液。

D. 将计数板放在载物台中央,待酵母菌沉降到计数室底部,在显微镜下观察、计数。

实验 4-2 平板菌落计数法

一、目的要求

1. 掌握平板菌落计数法的操作方法;

2. 了解利用平板菌落计数法测定微生物样品中活细胞的原理。

二、基本原理

平板菌落计数法的原理是微生物在固体培养基上所形成的单菌落是由一个细胞繁殖而成的。以菌落形成单位(colony forming unit,CFU),表达活菌的数量。计数时,先将待测样品做一系列稀释,再取一定量的稀释菌液接种到培养皿中,使其均匀分布于平板上。经培养,由单个细胞生长繁殖形成菌落,统计菌落数目,即可换算出样品中的含菌数。这种计数法的优点是能测出样品中的活菌数,常用于生物制品检定以及食品、水源污染程度的检定等。但平板菌落计数法的手续较烦琐,而且测定值常受各种因素影响。

三、实验器材

1. 实验材料

大肠杆菌(*Escherichia coli*),无菌生理盐水。

2. 培养基

LB琼脂培养基:蛋白胨 10g,酵母粉 5g,氯化钠 10g,琼脂 15g,pH7.0,蒸馏水定容至1000mL,121℃灭菌 20min,冷却至室温。

3. 器皿和仪器

无菌试管,无菌培养皿,无菌移液管(1mL、5mL、10mL),试管架,恒温水浴锅,培养箱等。

四、操作步骤

（1）融化培养基：先将 LB 琼脂培养基加热融化，并置于 50℃ 恒温水浴锅保温备用。

（2）试管编号：取 6～8 支无菌试管，依次编号为 10^{-1}，10^{-2}…10^{-6}（或至 10^{-8}，视菌液浓度而定）；再取 10 个无菌培养皿，各稀释浓度做 3 个重复测定平板，依次编号为 10^{-4}，10^{-5} 和 10^{-6}（或 10^{-6}，10^{-7} 和 10^{-8}），留下 1 个平板做空白对照。

（3）分装稀释液：以无菌操作法用 5mL 移液管分别精确吸取 4.5mL 的无菌生理盐水于上述各编号的试管中。

（4）稀释菌液：每次稀释待测菌的原始样品时，先将其充分摇匀，用 1mL 无菌移液管在待稀释的原始样品中来回吹吸数次，再精确吸取 0.5mL 菌液至 10^{-1} 的试管中。然后另取 1mL 无菌移液管，以同样的方式，先在 10^{-1} 试管中来回吹吸样品数次，并精确移取 0.5mL 菌液至 10^{-2} 的试管中，如此稀释至 10^{-6}（或 10^{-8}）为止。整个稀释过程如图 4-2 所示。

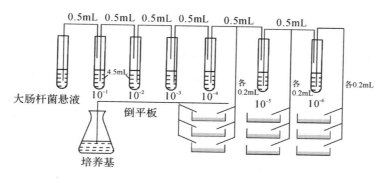

图 4-2　平板菌落计数法操作过程

（5）移取菌液：先分别用 1mL 无菌移液管精确吸取 10^{-4}，10^{-5}，10^{-6} 稀释菌液各 0.2mL，加至相应编号的无菌培养皿中。

（6）倒培养基液：菌液移至培养皿后应立即倒入融化并冷却至 50℃ 左右的 LB 培养基（倒入量 12～15mL）。

（7）摇匀平板：将含菌悬液与融化琼脂培养基液的平板快速地前后、左右轻轻地倾斜晃动或沿顺时针和逆时针方向旋转摇匀培养液，使待测定的细胞能均匀地分布在平板的培养基内，培养后的菌落能均匀地分布，便于提高测定的精确度。混匀后水平放置培养皿待凝固。

（8）倒置培养：待平板完全凝固后，倒置于 37℃ 恒温箱中培养。

（9）计数菌落：培养 18h 后取出平板，选出菌落数在 20～200 个/皿范围内的各皿，计每皿的菌落数（图 4-3），并将结果记录在表 4-2 中。计数时，可用记号笔在皿底用点涂菌落法进行计数，以防漏计或重复。

（10）清洗器皿：将计数后的平板在沸水中煮 5～10min 后清洗晾干。

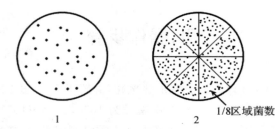

1.20～200 个/皿,全皿计数;2. 大于 500 个/皿,分区计数

图 4-3　平板菌落的全皿与分区计数法

五、实验报告

1. 实验报告

将实验结果记录在表 4-2 中。

表 4-2　平板菌落计数法实验结果记录

稀释度	每皿菌落数			平均值
	n_1	n_2	n_3	

2. 思考题

(1)平板菌落计数的原理是什么？它适用于哪些微生物的计数？

(2)菌液样品移入培养皿后,为何要尽快倒入培养基并充分摇匀？

六、实验拓展

　　平板菌落计数法的优点是能测出样品中的活菌数,适用于多种材料,即使样品中含菌量极少,也可以测出。此法能提供其他方法所不能获得的资料,但也有一明显不足,即细菌的菌落排列疏密大小不同,影响观察,测定值有时产生较大误差。针对这个缺点,我们可以如何改进？

实验 4-3　比浊法和细胞干重法测定菌体浓度

一、目的要求

1. 掌握比浊法和细胞干重法测定菌体浓度的方法；
2. 了解比浊法和细胞干重法测定菌体浓度的原理。

二、基本原理

当光线通过微生物菌悬液时，由于菌体的散射及吸收作用，光线的透过量降低。在一定的范围内，微生物细胞浓度与透光度成反比，与光密度（optical density，OD）成正比，而光密度或透光度可以由光电池精确测出。比浊法是利用光电比色计测定细胞悬液的光密度，即OD 值，用于表示该菌在本实验条件下的相对生长量，以了解细菌生长情况的一种方法。此法测定菌体浓度方便快捷，已在工业上广泛采用。

水是生物细胞的主要组成部分，细胞干重（dry cell weight，DCW）是细胞烘干后去除水分后的净重量，一般为湿重的 10%～20%。细胞干重和细菌数成正比，用于表示该菌在一定实验条件下的相对生长量，也是了解细菌生长情况的一种常用方法。

三、实验器材

1. 实验材料

大肠杆菌（*Escherichia coli*）。

2. 培养基

LB 培养基：蛋白胨 10g，酵母粉 5g，氯化钠 10g，pH7.0，加蒸馏水定容至 1000mL，121℃灭菌 20min，冷却至室温。

3. 器皿和仪器

721 型分光光度计，比色皿，移液器，1mL 移液管，高精度电子天平，烘箱等。

四、操作步骤

1. 比浊法测定菌体浓度

（1）校正零点：将未加入菌液的 LB 培养基倾倒入比色皿中，选用 600nm 波长分光光度计，调节零点，以作为测定时的对照。

（2）取发酵液并做一定倍数稀释，倒入比色皿中，使测定结果在 0.2～0.8。

(3)清洗:测定完毕后用去离子水冲洗比色皿,并浸泡在 20％乙醇中。

2. 细胞干重法测定菌体浓度

(1)取一定体积的菌体悬液,离心收集菌体,置于 105℃烘箱烘 12h 左右至菌体恒重。

(2)烘干的菌体放在分析天平上称重。

五、实验报告

1. 实验结果

将实验结果记录在表 4-3 中。

表 4-3　比浊法和细胞干重法实验结果记录

时间/h	0	4	8	12	16	20	24	28	32
OD_{600}									
干重/(g·L^{-1})									

2. 思考题

(1)简述比浊法测定菌体浓度的原理。

(2)简述细胞干重法测定菌体浓度的原理。

六、实验拓展

请问比浊法与比色法是一回事吗? 区别在哪?

（彭春龙）

实验 5　发酵过程参数测定 Ⅰ

实验 5-1　无机磷的测定

一、目的要求

掌握比色法测定无机磷含量的方法。

二、基本原理

磷元素是重要的培养基成分之一,参与细胞的生长和代谢。磷元素的存在形式有两种:有机磷和无机磷。细胞内的核酸、ATP 等属于有机磷。而无机磷主要以磷酸根的形式存在,除了提供营养外,还有缓冲 pH 的作用。在常温条件下,正磷酸根离子在酸性环境中与过量的钼酸铵反应生成淡黄色的产物——磷钼杂多酸(磷钼黄)式(5-1)。磷钼黄进一步与二氯化锡反应被还原成蓝色的磷钼蓝式(5-2),可利用分光光度计在 690nm 波长下测得其浓度。

$$3NH_4^+ + PO_4^{3-} + 12MoO_4^{2-} + 24H^+ =\!=\!= (NH_4)_3PO_4 \cdot 12MoO_3 \cdot 12H_2O \downarrow \qquad (5\text{-}1)$$

$$(NH_4)_3PO_4 \cdot 12MoO_3 + H^+ \longrightarrow (MoO_2 \cdot 4MoO_3)_2 \cdot H_3PO_4(磷钼蓝的主要成分)$$

$$(5\text{-}2)$$

PO_3^{4-} 浓度在 0.1～4.0mg/L 时,磷钼蓝的浓度与吸光度呈线性关系。

三、实验仪器及试剂

1. 实验材料

磷酸标准溶液:称取一定量分析纯的 KH_2PO_4,在 105℃烘干至恒重。在干燥器中冷却至室温后称取 0.4394g,用蒸馏水溶解后定容至 500mL,即成含量为 1mg/mL 的标准液。使用时将该溶液再稀释 100 倍,此溶液的浓度为 $10\mu g/mL$。

混合还原剂:称取 1g $SnCl_2 \cdot 2H_2O$,溶于 10mL 浓 HCl;另称取 0.5g 葡萄糖溶于 20mL 水中;称取 0.5g 赤霉素,溶于 20mL 无水乙醇中。将二氯化锡、葡萄糖和赤霉素溶液混合并定容至 100mL 即为混合还原剂,贮存于棕色瓶保存于阴凉干燥处,一般可存放 1 个月。

2. 器皿和仪器

电子分析天平,分光光度计,恒温水浴锅,容量瓶,试管,微量移液器。

四、操作步骤

1. 磷标准曲线绘制

按照表 5-1 所示,在 1—6 号试管中加入不同量的 $10\mu g/mL$ 磷酸标准液、蒸馏水、4mol/L 的 HNO_3 溶液和 5% 钼酸铵溶液,混合均匀后转移至分液漏斗中,室温放置 20～30min。加入 10mL 乙酸丁酯进行萃取,保留有机相。用少量 5% HCl 溶液洗涤两次,弃去水相。在分液漏斗中加入 1mL 混合还原剂,轻摇混匀,分层后,保留有机相。在有机相中加入 1mL 无水乙醇。以乙酸丁酯溶液作为空白对照,在 690nm 条件下测定吸光度。以磷含量为横坐标,A_{690} 为纵坐标,绘制标准曲线,获得回归方程。

注意:在反应体系中,钼酸铵应当适当过量,如果钼酸铵的浓度太高,在水溶液中反应形成磷钼蓝,还原剂还会进一步与过量的钼酸铵反应生成副产物,对 PO_4^{3-} 的测定有较大的干扰。

表 5-1 标准曲线制作过程中不同试剂的添加量

管号	$10\mu g/mL$ 磷标准溶液 /mL	蒸馏水 /mL	4mol/L HNO_3 溶液 /mL	5% 钼酸铵溶液 /mL
1	0	10	5	5
2	2	8	5	5
3	4	6	5	5
4	6	4	5	5
5	8	2	5	5
6	10	0	5	5

2. 发酵液中无机磷含量测定

按表 5-2 所示,取发酵液 15mL,3000r/min 离心 10min。取上清液 10mL 加入 5mL 4mol/L HNO_3 溶液和 5mL 5% 钼酸铵溶液,混合后移至分液漏斗中,室温放置 20～30min。加入 10mL 乙酸丁酯进行萃取,保留有机相。用少量 5% HCl 溶液洗涤两次,弃去水相。在分液漏斗中加入 1mL 混合还原剂,轻摇混匀,分层后保留有机相。在有机相中加入 1mL 无水乙醇,在 690nm 条件下测定吸光度。

空白对照:以 10mL 蒸馏水作为空白对照样品,按照上述方法加入各试剂和还原剂后在 690nm 条件下测定吸光度。每管重复三次,将计算获得的三个吸光度值取平均值($\bar{x}$)。对照标准曲线计算发酵液中无机磷含量,绘制不同发酵时间内无机磷的含量变化曲线。

表 5-2　发酵液中无机磷含量测定过程中不同试剂的添加量

管号	发酵液上清 /mL	蒸馏水 /mL	4mol/L HNO₃ 溶液/mL	5％钼酸铵 溶液/mL	乙酸乙酯 /mL	混合还原剂 /mL	无水乙醇 /mL
对照	0	10	5	5	10	1	1
样品 1	10	0	5	5	10	1	1
样品 2	10	0	5	5	10	1	1
样品 3	10	0	5	5	10	1	1
样品 4	10	0	5	5	10	1	1
样品 5	10	0	5	5	10	1	1

注意: 当待测样品中可能存在聚磷酸盐时,可以在样品中添加 0.3 倍体积的 6mol/L 的 H_2SO_4 溶液,在煮沸的水浴中反应 20min,使聚磷酸盐水解成正磷酸盐,然后进行测定。

3. 计算发酵液中无机磷含量

$$发酵液中磷含量 = 根据磷标准曲线计算获得的磷含量 \times 稀释倍数 \qquad (5\text{-}3)$$

五、实验报告

1. 实验结果

(1)标准曲线制备:测定不同浓度的磷酸盐标准溶液管号的 A_{690},每个管号重复三次,分别填入表 5-3(x_1,x_2 和 x_3)中。计算获得的三个吸光度值,取平均值($\overline{x}$)。利用 Excel 软件,以无机磷浓度为横坐标,以吸光度平均值为纵坐标绘制标准曲线,获得回归方程。

表 5-3　无机磷浓度测定标准曲线

管号	x_1	x_2	x_3	$\overline{x}$
1				
2				
3				
4				
5				
6				

(2)样品测定:每一个发酵液样品测三个平行样品,将获得的吸光度值取平均值。设标准曲线的回归方程为 $y = ax + b$,将吸光度平均值代入 y 求出 x 值,即为该发酵液样品中无机磷的浓度。

2. 思考题

试分析还原试剂中加入赤霉素、葡萄糖的作用。

六、实验拓展

比较一下测定过程中利用乙酸乙酯萃取和不萃取对测定结果有什么影响？分析测定时为什么要用乙酸乙酯进行有机萃取？

实验 5-2　亚硫酸氧化法测定溶氧传质系数

一、目的要求

1. 掌握亚硫酸氧化法测定溶氧传质系数（$K_L a$）的原理；
2. 熟悉亚硫酸氧化法测定机械搅拌式发酵罐的 $K_L a$ 的方法；
3. 了解转速对 $K_L a$ 的影响。

二、基本原理

溶解氧浓度是发酵过程中一个重要的参数。好氧发酵过程中氧的供应情况往往影响菌株的生长；尤其是高密度发酵过程中，溶氧浓度往往是限制性因素，直接影响产物的合成。因此，生物反应器的供氧能力通常是反应器设计的重要考量指标。双膜理论是一个经典的界面传质动力学的理论，于 1923 年由惠特曼和刘易斯提出，较好地解释了液体吸收剂对气体吸收质吸收的过程。其基本论点如下：相互接触的气液两相流体间存在着稳定的相界面，界面两侧各有一个很薄的滞留层，分别为气体滞留层（气膜）和液体滞留层（液膜），吸收的过程是吸收质分子从气相主体运动到气膜，再以分子扩散的形式通过气膜达到气液界面，然后以分子扩散的方式通过液膜进入液相主体。在气液界面上由于气、液两相瞬间即可达到平衡，界面上没有传质阻力，所以传质阻力主要集中于气膜或液膜。氧气难溶于水，因而溶氧的传质阻力主要来源于液膜。

溶氧传质系数 $K_L a$ 是生物反应器供氧能力的衡量参数，是液膜传质系数 K_L 和气液比表面积 a 的乘积。因在发酵过程中气液比表面积 a 难以测定，故将 $K_L a$ 作为一项因子处理，以便于实际发酵调控。总体来说，$K_L a$ 与设备参数、操作条件及发酵液性质密切相关，例如发酵液流体性质、温度、搅拌、空气流量、消泡剂等。

常用的测定 $K_L a$ 的方法有稳态法、动态法和饱和亚硫酸钠法。其中稳态法和动态法都需要配备溶氧电极和二次仪表；而动态法可以在发酵过程中实时在线测定。本实验中将介绍亚硫酸钠法测定 $K_L a$ 的原理及实验流程。

O_2 在水中的溶解速率可以用氧的传质方程式（5-4）进行计算：

$$N_v = K_L a(c^* - c) \tag{5-4}$$

式中：N_v 为体积溶氧速率，单位为 mol/(L・S)；

K_La 为氧的体积传递系数，单位为 L/s；

c^* 为一定温度和气压条件下水中氧的饱和溶解度，单位为 mol/L；

c 为一定温度和气压条件下水中氧的浓度，单位为 mol/L。

在水中存在 Cu^{2+} 或 Co^{2+} 的时候，SO_3^{2-} 与溶解在水中的 O_2 迅速反应生成 SO_4^{2-}。以铜（或钴）离子为催化剂，亚硫酸钠的氧化反应式为：

$$2Na_2SO_3 + O_2 \xrightarrow{Cu^{2+} \text{或} Co^{2+}} 2Na_2SO_4 \qquad (5-5)$$

SO_3^{2-} 的氧化非常快，远大于氧的溶解速度。当温度在 $20 \sim 45℃$ 时，Na_2SO_3 浓度为 $0.018 \sim 0.450$ mol/L，反应速度几乎不变。所以，氧一旦溶解于 Na_2SO_3 溶液中立即被氧化，反应液中的溶解氧浓度为零。此时氧的溶解速度（氧传递速度）成为控制氧化反应速度的决定因素，也就是溶液中 SO_3^{2-} 消耗的速率只与氧的溶解速率有关。利用这一反应特性，可以从单位时间内被氧化的 SO_3^{2-} 量求出传递速率。

当反应达到稳态时，用过量的 I_2 与剩余的 Na_2SO_3 作用，反应式如下：

$$Na_2SO_3 + I_2 + H_2O = Na_2SO_4 + 2HI \qquad (5-6)$$

然后再用标定的 $Na_2S_2O_3$ 滴定剩余的碘，反应式为：

$$2Na_2S_2O_3 + I_2 = Na_2S_4O_6 + 2NaI \qquad (5-7)$$

根据 $Na_2S_2O_3$ 溶液消耗的体积数（N_a），可求出 Na_2SO_3 的消耗量，从而求出单位时间内氧吸收量：

$$K_La = \frac{N_a}{c^*} = \frac{1}{c}\frac{dc}{dt} \qquad (5-8)$$

将测得反应液中残留的 Na_2SO_3 浓度与取样时间作图，由 Na_2SO_3 消耗曲线的斜率求出 dc/dt，再由式(5-7)求出 K_La。

三、实验器材

1. 实验材料

碘液：精确称取 19.04g 分析纯 I_2，12.46g 分析纯 KI，溶于蒸馏水中，定容至 1L，配制成浓度为 0.075mol/L 的 I_2-KI 溶液。

Na_2SO_3 溶液(0.1mol/L)：精确称取 24.90g 分析纯 $Na_2S_2O_3 \cdot 5H_2O$，用蒸馏水溶解，定容至 1L。

淀粉指示剂(1%)：称取 1g 可溶性淀粉，溶于 100mL 蒸馏水中，现配现用。

Na_2SO_3 饱和溶液（含 Cu^{2+}）：精确称取 608.57g $Na_2SO_3 \cdot 5H_2O$ 溶于 1L 蒸馏水中，加入 0.016g 无水 $CuSO_4$，搅拌至完全溶解，配制成含 Cu^{2+} 浓度约为 10^{-3}mol/L 的 Na_2SO_3 饱和溶液。

I_2-KI 溶液(0.075mol/L)：精确称取 12.44g KI，溶于 1L 蒸馏水中，加入 19.035g I_2，搅拌至完全溶解，配制成 0.075mol/L I_2-KI 溶液。（注：饱和的 KI 溶液可以提高 I_2 的溶解度和防止碘氧化）。

2. 器皿和仪器

秒表，250mL 碘量瓶，10mL 移液管，50mL 酸式滴定管，吸球。

四、操作步骤

1. 在 5L 的发酵罐内配制 3L Na_2SO_3 饱和溶液。注意:饱和 Na_2SO_3 溶液需要现配现用。

2. 打开发酵罐的通气阀并开始搅拌,调节通气速率和搅拌速率至发酵时需要的条件。

3. 在通气搅拌开启 15min 后开始取样,每隔 2min 取样 10mL。

4. 样品分析:

①在碘量瓶中加入 25mL 0.075mol/L I_2-KI 溶液,加入 10mL 样品,混匀,瓶口用水封闭。

注意:a. I_2-KI 溶液滴定需要及时,不宜放置太久。b. 从样品液移取 10mL 进入碘液时,应注意将移液管的下端置于离开碘液液面不超过 1cm 的位置处,以防止溶液进一步氧化。

②用 0.1mol/L $Na_2S_2O_3$ 溶液滴定,当接近终点(溶液呈淡黄色)时,加入淀粉指示剂 1mL。继续滴定至终点时蓝色消失。记录 $Na_2S_2O_3$ 溶液初始体积 $V_初$ 和滴定后 $Na_2S_2O_3$ 溶液体积 $V_终$,计算出 $Na_2S_2O_3$ 溶液消耗的体积 ΔV。根据式(5-7)可知,剩余的 I_2 的量为 $0.05 \times \Delta V$。

注意:滴定时,先用硫代硫酸钠滴定至溶液呈浅蓝色,再加淀粉指示剂使溶液变蓝,然后滴定至无色,即为终点。

③计算获得不同取样时间反应液中残留的 Na_2SO_3 浓度,将 Na_2SO_3 浓度与时间作图,获得 Na_2SO_3 消耗曲线的斜率。根据式(5-6)可知,溶液中 Na_2SO_3 的浓度 $c = (1.875 - 0.05 \times \Delta V)/10$。

④根据式(5-8)计算出 K_La 值。

五、实验报告

1. 实验结果

按上述方法,取样测定不同样品中的 Na_2SO_3 浓度 c,每个样品测定三次,取平均值,填入表 5-4 中。以时间为横坐标,c 为纵坐标绘制曲线,获得 Na_2SO_3 消耗曲线的斜率。

在常温(20~30℃)常压($p = 1atm$)条件下:$c^* = 0.21mmol/L$。因此可以根据式(5-8)计算获得 K_La 值。

表 5-4 溶氧系数测定数据

时间/min	$Na_2S_2O_3$ 溶液初始体积 $V_初$ /mL	滴定后 $Na_2S_2O_3$ 溶液体积 $V_终$ /mL	$Na_2S_2O_3$ 溶液消耗的体积 ΔV/mL	Na_2SO_3 浓度 c /(mmol · L^{-1})
15				
17				
19				
21				
23				

2. 思考题

(1)碘量瓶中加入 25mL 0.075mol/L I_2-KI 溶液后为什么要用水封闭？

(2)试分析亚硫酸盐法测定 K_La 的优缺点。

六、实验拓展

采用其他方法(稳态法、动态法)测定 K_La,与亚硫酸盐法测定的结果进行比较,分析不同测定方法的优缺点。

(于　岚)

实验6　发酵过程参数测定 II

实验 6-1　还原糖及葡萄糖值测定

一、目的要求

1. 掌握还原糖及葡萄糖测定的原理；
2. 掌握发酵液等样品中还原糖及葡萄糖的测定方法。

二、基本原理

还原糖是指含有自由醛基或酮基的糖类，包括全部单糖和部分多糖，如葡萄糖、乳糖和麦芽糖属于还原糖，而蔗糖和淀粉为非还原糖。

还原糖在碱性条件下加热被氧化成糖酸，3,5-二硝基水杨酸则被还原为棕红色的 3-氨基-5-硝基水杨酸。在一定范围内，还原糖的量与棕红色物质颜色的深浅呈正比关系。采用分光光度计，在 540nm 波长下测定吸光值（A_{540}），可计算出样品中还原糖或葡萄糖的浓度。

$$\text{3,5-二硝基水杨酸（黄色）} + \text{还原糖} \xrightarrow[\text{OH}^-]{\text{加热}} \text{3-氨基-5-硝基水杨酸（棕红色）} + \text{糖酸} \tag{6-1}$$

三、实验器材

1. 实验材料

（1）1mg/mL 葡萄糖标准液：准确称取在 80℃烘至恒重的葡萄糖 100mg，置于烧杯中，加至少量蒸馏水中溶解，转移到 100mL 容量瓶中，用蒸馏水定容至 100mL，混匀，4℃冰箱中保存备用。

（2）3,5-二硝基水杨酸（DNS）工作溶液：称取 185g 酒石酸钾钠和 6.3g DNS 溶解于 500mL 热水中，再加入 262mL 2mol/L NaOH 溶液，5g 结晶酚和 5g 亚硫酸钠，搅拌溶解，冷却后加蒸馏水至 1000mL，贮藏于棕色瓶中备用。

2. 器皿和仪器

100mL 烧杯 2 个、500mL 烧杯 1 个、20mL 具塞玻璃刻度试管 15 个，100mL 容量瓶 1 个、1mL 刻度吸管 2 个、2mL 刻度吸管 2 个、10mL 刻度吸管 1 个，UV-1700 紫外可见分光光度计，沸水浴，冰浴，分析天平，离心机。

四、实验操作

1. 制作葡萄糖标准曲线

取 9 支具塞刻度试管编号，按表 6-1 分别加入浓度为 1mg/mL 葡萄糖标准液、蒸馏水和 3,5-二硝基水杨酸（DNS）试剂，配制不同葡萄糖浓度的反应液。

表 6-1　葡萄糖标准曲线的制作

管号	葡萄糖标准液 /mL	蒸馏水 /mL	DNS /mL	葡萄糖浓度 /(mg·mL^{-1})
0	0	2	1.5	0
1	0.2	1.8	1.5	0.1
2	0.4	1.6	1.5	0.2
3	0.6	1.4	1.5	0.3
4	0.8	1.2	1.5	0.4
5	1.0	1.0	1.5	0.5
6	1.2	0.8	1.5	0.6
7	1.4	0.6	1.5	0.7
8	1.6	0.4	1.5	0.8

将各管摇匀，在沸水浴中加热 5min，立刻移至冰水浴中冷却至室温，用蒸馏水定容至 25mL，摇匀后在 540nm 波长下测定吸光值。以 0 号试管调节零点，测定 1～8 号管的吸光值。以吸光值（A_{540}）为横坐标，葡萄糖浓度（y）为纵坐标，绘制标准曲线。

2. 样品中还原糖浓度的测定

（1）取 3mL 发酵液或其他待测样品，8000r/min 离心 5min，分离上清液；

（2）用蒸馏水将上清液中葡萄糖浓度稀释到 0.1～0.8mg/mL；

（3）取稀释后的待测溶液 2.0mL 于 20mL 具塞刻度试管中，加入 DNS 试剂 1.5mL，沸水浴加热、冷却、定容和比色测定与制作标准曲线方法相同。

注意：

（1）实验中所用的具塞刻度试管要干净，加入各种试剂的量要准确。

（2）试管的管口在加热时不可朝向人，以免反应液过度沸腾飞溅伤人。

五、实验报告

1. 实验结果

（1）葡萄糖标准曲线的制作：测定不同浓度葡萄糖管号在 540nm 波长的吸光值（A_{540}），每组实验重复三次，分别记录为表 6-2 中的 x_1，x_2 和 x_3，并计算吸光度值取平均值（$\overline{x}$）。利用 Excel 软件，以葡萄糖浓度为纵坐标，以吸光值为横坐标绘制标准曲线，获得回归方程。

表 6-2　葡萄糖标准曲线

管号	x_1	x_2	x_3	$\overline{x}$
1				
2				
3				
4				
5				
6				
7				
8				

（2）样品测定：每一个发酵液样品测三个平行样品，将获得的吸光度值取平均值。设标准曲线的回归方程为 $y = ax + b$，将吸光度平均值代入 x 求出 y 值，即为该发酵液样品中还原糖和葡萄糖的浓度。

2. 思考题

（1）简述 DNS 比色法测定还原糖的实验原理。

（2）比较 DNS 比色法与费林试剂比色法的优缺点。

六、实验拓展

测定发酵液的还原糖浓度时，为什么要预先将发酵液中的菌体离心分离取上清液？如果不分离，对测定结果可能会有什么影响？

实验 6-2　铵离子浓度的测定

一、目的要求

1. 掌握 Berthelot 比色法测定铵离子浓度的原理；

2. 掌握发酵液等样品中铵离子浓度的测定方法。

二、基本原理

铵离子浓度是微生物生长代谢必需的重要因素。目前，Berthelot 比色法是测定发酵液中铵离子最简单、灵敏和可靠的方法。在碱性条件下，铵离子经次氯酸钠氧化生成氯胺，与苯酚在亚硝基铁氰化钠催化下生成蓝色的靛酚。采用分光光度计在 550nm 波长下测定吸光值（A_{550}），可计算出样品中铵离子的浓度。

$$NH_4^+ + NaClO \longrightarrow NH_2Cl + NaOH \quad（6\text{-}2）$$

$$NH_2Cl + \text{〈苯酚〉}-OH \longrightarrow O=\text{〈环〉}=N-Cl \quad（6\text{-}3）$$

$$O=\text{〈环〉}=N-Cl + \text{〈苯酚〉}-OH \longrightarrow O=\text{〈环〉}=N-\text{〈环〉}-OH \quad（6\text{-}4）$$

三、实验器材

1. 实验材料

（1）0.1mol/L 铵离子标准溶液：称取 5.35g 氯化铵溶于 0.05mol/L 柠檬酸-枸橼檬酸钠缓冲液（pH4.0），定容至 1000mL，混匀，4℃ 冰箱中保存备用。

（2）显色剂Ⅰ工作液：称取苯酚 10g 和亚硝基铁氰化钠 0.02g，加蒸馏水定容至 1000mL，贮藏于棕色瓶中备用，有效期为 1 个月。

（3）显色剂Ⅱ工作液：称取氢氧化钠 6g 和次氯酸钠溶液（活性氯大于 5.2%），加蒸馏水定容至 1000mL，有效期为 1 个月。

2. 器皿和仪器

烧杯 100mL 2 个、500mL 烧杯 1 个、20mL 具塞玻璃刻度试管 10 个，1000mL 容量瓶 1 个、1mL 刻度吸管 2 个、5mL 刻度吸管 2 个，移液器，UV-1700 紫外可见分光光度计，恒温水浴锅，分析天平。

四、实验操作

1. 铵离子标准曲线的制作

取 6 支具塞刻度试管编号，按表 6-3 分别加入浓度为 0.1mol/L 铵离子标准液和蒸馏水，配制不同铵离子浓度溶液。

表 6-3　铵离子标准曲线的制作

管号	铵离子标准液 /μL	蒸馏水 /μL	显色剂Ⅰ /mL	显色剂Ⅱ /mL	铵离子浓度 /(mmol·L^{-1})
0	0	200	2.5	2.5	0
1	1	199	2.5	2.5	0.5
2	2	198	2.5	2.5	1.0
3	3	197	2.5	2.5	1.5
4	4	196	2.5	2.5	2.0
5	5	195	2.5	2.5	2.5

先加入 2.5mL 显色剂Ⅰ,充分混匀,再加入 2.5mL 显色剂Ⅱ,混匀后于 37℃ 下保温 20min,在 550nm 波长下测定吸光值。其中以 0 号试管调节零点,测定 1～5 号管的吸光值。以吸光值 A_{550} 为横坐标,铵离子浓度为纵坐标,绘制标准曲线。

2. 样品中还原糖浓度的测定

(1)取 3mL 发酵液或其他待测样品,8000rpm 离心 5min,分离上清液。

(2)用蒸馏水将上清液中葡萄糖浓度稀释到 0.5～2.5mmol/L。

(3)取稀释后的待测溶液 200μL 于 20mL 具塞刻度试管中,加入 2.5mL 显色剂和 2.5mL 显色剂Ⅱ,37℃ 下保温 20min,在 550nm 波长下测定吸光值。

五、实验报告

1. 实验结果

(1)铵离子标准曲线的制作:测定不同浓度铵离子管号的在 550nm 波长的吸光值(A_{550}),每组实验重复三次,分别纪录于表 6-4 中的 x_1,x_2 和 x_3,并计算吸光度值取平均值($\bar{x}$)。利用 Excel 软件,以铵离子浓度为纵坐标,以吸光值(A_{550})为横坐标绘制标准曲线,获得回归方程。

表 6-4　葡萄糖标准曲线

管号	x_1	x_2	x_3	$\bar{x}$
1				
2				
3				
4				
5				

(2)样品测定:每一个发酵液样品测 3 个平行样品,将获得的吸光度值取平均值。设标准曲线的回归方程为 $y=ax+b$,将吸光度平均值代入 x 求出 y 值,即为该发酵液或待测样品中铵离子的浓度。

2. 思考题

(1)简述 Berthelot 比色法测定铵离子的实验原理。

(2)试分析样品 pH 对测试结果的影响。

六、实验拓展

试分析 Berthelot 比色法测定发酵液中铵离子的影响因素以及如何排除。

实验 6-3　蛋白质浓度的测定

一、目的要求

1. 掌握考马斯亮蓝测定蛋白质浓度的原理；
2. 掌握样品中蛋白质浓度的测定方法。

二、基本原理

考马斯亮蓝 G-250 是一种甲基取代的蓝色染料，在 465nm 波长下具有最大吸收值。当考马斯亮蓝 G-250 与蛋白质结合形成复合物后，其最大吸收波长发生变化，最大吸收值为 595nm 波长。采用分光光度计在 595nm 波长下测定吸光值（A_{595}），可计算出样品中蛋白质浓度。

三、实验器材

1. 实验材料

(1)0.1mg/mL 标准蛋白至溶液：准确称取牛血清蛋白 100mg，加入少量蒸馏水中溶解，转移到 100mL 容量瓶中，用蒸馏水定容至 100mL，混匀，4℃冰箱中保存备用。测定前，用蒸馏水稀释 10 倍得到 0.1mg/mL 标准蛋白至溶液。

(2)0.01％考马斯亮蓝 G-250 染液：称取 0.1g G-250，溶于 50mL 90％乙醇中，加入 85％（m/v）磷酸 100mL，加入蒸馏水定容至 1000mL，贮藏于棕色瓶中备用，在常温下有效期为 1～2 个月。

2. 器皿和仪器

100mL 烧杯 2 个、250mL 烧杯 1 个，20mL 具塞玻璃刻度试管 20 个，1000mL 容量瓶 1 个、100mL 个容量瓶 1 个，1mL 刻度吸管 2 个、2mL 刻度吸管 2 个、5mL 刻度吸管 2 个，移液器，UV-1700 紫外可见分光光度计，恒温水浴锅，分析天平。

四、实验操作

1. 蛋白质浓度标准曲线的制作

取 11 支具塞刻度试管编号,按表 6-5 分别加入浓度为 0.1mg/mL 蛋白质标准液和蒸馏水配制不同蛋白质浓度的反应液。

表 6-5　蛋白浓度标准曲线的制作

管号	蛋白质标准液 /mL	蒸馏水 /mL	G-250 工作液 /mL	蛋白质浓度 /($\mu g \cdot L^{-1}$)
0	0	1.0	5	0
1	0.1	0.9	5	10
2	0.2	0.8	5	20
3	0.3	0.7	5	30
4	0.4	0.6	5	40
5	0.5	0.5	5	50
6	0.6	0.4	5	60
7	0.7	0.3	5	70
8	0.8	0.2	5	80
9	0.9	0.1	5	90
10	1.0	0	5	100

将各试管盖塞后,缓和倒置混匀,室温静置 5min,在 595nm 波长下测定吸光值(A_{595})。其中 0 号试管调节零点,测定 1～10 号管的吸光值。以吸光值为横坐标,蛋白质浓度为纵坐标,绘制标准曲线。

2. 样品中蛋白质浓度的测定

用蒸馏水将样品中蛋白质浓度稀释到 10～100μg/L;取稀释后的待测溶液 1mL 于 20mL 具塞刻度试管中,加入 5mL 显色剂和 2.5mL 考马斯亮蓝 G-250 染液,室温静置 5min,在 595nm 波长下测定吸光值。

五、实验报告

1. 实验结果

(1)蛋白质标准浓度曲线的制作:测定不同蛋白质浓度在 595nm 波长的吸光值(A_{595}),每组实验重复 3 次,分别记录为表 6-6 中的 x_1,x_2 和 x_3,并计算吸光度值取平均值($\overline{x}$)。利用 Excel 软件,以蛋白质浓度为纵坐标,以吸光值(A_{595})为横坐标绘制标准曲线,获得回归方程。

表 6-6　蛋白质浓度标准曲线

表 6-6　蛋白质浓度标准曲线

管号	x_1	x_2	x_3	$\overline{x}$
1				
2				
3				
4				
5				
6				
7				
8				
9				
10				

（2）样品测定：每个样品测三个平行样品，获得的吸光度值计算平均值。设标准曲线的回归方程为 $y=ax+b$，将吸光度平均值代入 x 求出 y 值，即为待测样品中蛋白质的浓度。

2. 思考题

（1）简述考马斯亮蓝法测定蛋白质浓度的实验原理。

（2）简述考马斯亮蓝法测定蛋白质浓度的优缺点。

六、实验拓展

1. 试分析考马斯亮蓝法测定样品中蛋白质浓度的影响因素以及如何排除。

2. 列举其他测定蛋白质浓度的方法，并与本实验方法比较。

（裴晓林）

实验 7　发酵过程参数测定 Ⅲ

实验 7-1　高效液相测定虫草素

一、目的要求

1. 掌握高效液相色谱检测发酵液中虫草素的方法；
2. 了解高效液相色谱法的原理。

二、基本原理

冬虫夏草是一种极为珍贵的药用真菌，仅分布于我国的高原地带。冬虫夏草的重要活性成分之一——虫草素是一种腺苷类抗生素，其分子式为 $C_{10}H_{13}N_5O_3$，分子量为 251Da。近年来，人工培育虫草的产业化已经取得成功，因而虫草素含量的精确测定方法的建立对人工虫草培育及虫草保健品质量控制具有有重要意义。虫草素有多种提取方法，常见有回流提取法和超声波提取法。虫草素的测定方法通常有薄层色谱法、毛细管电泳法和高效液相色谱法。其中高效液相色谱的方法具有其高分辨率、重复性好的特点，因而为目前虫草素含量的首选方法。

利用高效液相色谱法检测目标产物时，流动相与固定相之间互不相溶（极性不同，避免固定液流失），有一个明显的分界面。当试样进入色谱柱，溶质在两相间进行分配，在达到平衡时，服从于高效液相色谱计算公式：

$$K = c_s/c_m = kV_m/V_s \tag{7-1}$$

式中：c_s 为溶质在固定相中浓度；

　　　c_m 为溶质在流动相中的浓度；

　　　V_s 为固定相的体积；

　　　V_m 为流动相的体积。

溶质分离的顺序取决于 K，K 大的组分保留值大，且流动相对 K 影响较大。

三、器材与试剂

1. 实验材料

(1)虫草素标准品溶液的制备:准确称取虫草素标准品 0.001g,溶解于 1mL 50%甲醇,配制成浓度为 1mg/mL 虫草素溶液,取 0.1mL 溶液用 50%甲醇稀释成 1mL,即获得 0.1mg/mL 虫草素标准品溶液,放入-4℃的冰箱保存。

(2)流动相的制备:用量筒量取 150mL 的色谱级甲醇,用双蒸水(ddH₂O)定容至 1L,配制成 15%甲醇溶液作为流动相。流动相经过 0.22μm 微孔有机滤膜过滤,将过滤后的流动相溶液放至超声波清洗器的水槽中进行脱气 15min。

2. 器皿和仪器

抽滤瓶,超声波清洗器,高效液相色谱仪,WAT045905 C18 色谱柱(150mm×4.6mm,5μm),紫外检测器,进样器。

四、操作步骤

1. HPLC 检测

(1)打开色谱工作站软件,设定需要保存文件的路径;

(2)检测器波长设置为 260nm,流速设置为 1mL/min,柱温:30℃,进行电脑零点校正,平衡流动相 30~60min;

(3)进样器取样品 20μL,进样;采集数据,待分析 15min 后,停止采集并记录吸收峰的面积。

(4)检测完毕后,用流动相冲洗 30min,更换流动相为色谱甲醇进行色谱柱的清洗,清洗 30~60min,等清洗结束后,关闭相应仪器。

注意:开启高效液相色谱后,应开启流动相冲洗并点击查看基线,待基线稳定成一条直线后才可以进样。

2. 虫草素标准品检测

按照表 7-1 取不同体积的虫草素标准液,稀释成不同浓度的标准样品。将不同编号的标准样品用 0.22μm 的有机滤膜过滤后,分别取 20μL 进样分析,虫草素的出峰时间约为 12min。以峰面积为纵坐标、质量浓度为横坐标绘制标准曲线,获得回归方程。

注意:进样器在取样品进样之前必须清洗,并用待测样品润洗 1~2 次。

表 7-1　不同浓度虫草素标准品的制备

编号	虫草素标准液 /mL	50%色谱纯甲醇 /mL	虫草素的浓度 /(μg·mL^{-1})
1	0	1.0	0
2	0.1	0.9	10
3	0.3	0.7	30
4	0.5	0.5	50
5	0.7	0.3	70
6	0.9	0.1	90

3. 样品的检测

取发酵液 5mL，加入 5mL 甲醇，采用超声波提取 20min 后以 8000r/min 离心 5min，取上清液。用 0.22μm 的有机滤膜过滤后用于高效液相色谱检测，获得 12min 左右出现的吸收峰面积。根据标准曲线计算出样品中虫草素的浓度。每个样品重复进样 3 次，避免其偶然性和误差性，取三个检测峰值的平均值代入标准曲线的回归方程中计算出样品中虫草素的浓度。

$$\text{发酵液中虫草素的浓度}=\text{样品中虫草素的浓度}\times\text{稀释倍数} \tag{7-2}$$

五、实验报告

1. 实验报告

(1)虫草素标准曲线：将不同编号的标准样品分别取 20μL 进样分析后记录 12min 出峰的峰面积，每一个标准样品测定三次(x_1，x_2 和 x_3)，计算每一个样品的峰面积平均值($\overline{x}$)，记录在表 7-2 中。以虫草素浓度为横坐标，峰面积为纵坐标，绘制虫草素标准曲线，并获得回归方程。

表 7-2　虫草素标准曲线测定

编号	虫草素的浓度 /(μg·mL^{-1})	峰面积 x_1	峰面积 x_2	峰面积 x_3	峰面积平均值 $\overline{x}$
1	0				
2	10				
3	30				
4	50				
5	70				
6	90				

(2)样品测定：每一个发酵液样品测三个平行样品，将获得的吸光度值取平均值，数据填入表 7-3。设标准曲线的回归方程为 $y=ax+b$，将吸光度平均值代入 y 求出 x 值，即为该发酵液样品中虫草素的浓度。

表 7-3　虫草素样品测定

编号	样品峰面积 x_1	样品峰面积 x_2	样品峰面积 x_3	样品峰面积平均值 $\bar{x}$	虫草素的浓度 /($\mu g \cdot mL^{-1}$)
1					
2					
3					
4					
5					
6					

2. 思考题

(1) 进行高效液相色谱分析前流动相溶液为什么需要脱气处理？

(2) 当分析过程中发现目标峰出现拖尾，会对检测结果有什么影响，应如何处理？

六、实验拓展

试采用梯度洗脱的方法测定，观察虫草素在不同的甲醇浓度条件下的分离效果，讨论如何优化高效液相色谱法测定的条件。

实验 7-2　纸层析法测定谷氨酸和 γ-氨基丁酸浓度

一、目的要求

1. 掌握纸层析的原理和操作方法；
2. 熟悉层析法测定氨基酸的操作方法；
3. 了解纸层析法的应用。

二、基本原理

纸层析法，是一种以纸为载体的色谱法，依据极性相似相溶的原理，以纸纤维上吸附的水分或其他缓冲盐等作为固定相，以不与水相溶的有机溶剂作为流动相，用一定比例的展开剂从点样的一段进行展开。当有机相沿纸流动经过层析点时，层析点上溶质就在水相和有机相之间进行分配，一部分溶质离开原点随有机相移动而进入无溶质的区域，这时又重新进行分配，一部分溶质从有机相进入水相。当有机相不断流动时，溶质就沿着有机相流动的方向移动，不断进行分配。溶质中各组分的分配系数不同，移动速率也不同，因而可以彼此分

开。物质被分离后在纸层析图谱上的位置是用 R_f 值（比移）来表示的。

$$R_f = \frac{原点到层析点中心的距离}{原点到溶剂前沿的距离} \qquad (7\text{-}3)$$

谷氨酸的分子式为 $C_5H_9NO_4$，分子量为 147.13。γ-氨基丁酸（GABA）又名 4-氨基丁酸，分子式为 $C_4H_9NO_2$，分子量为 103.12。在微生物中谷氨酸经谷氨酸脱羧酶转化获得 γ-氨基丁酸，因而谷氨酸是 γ-氨基丁酸的前体。在纸层析的过程中由于 γ-氨基丁酸的分子量大于谷氨酸，两者在由流动相推动的过程中移动速率不同，在纸层析图谱上的 R_f 值也不同，从而可以达到分离的目的。

谷氨酸和 GABA 的测定方法除纸层析以外还有多种其他方法，例如：酶法、色质联用法、柱子层析荧光测定法、液相色谱法、毛细管气相色谱法等。但是这些方法价格昂贵，不适用于大量的定量分析。纸层析法价格低廉、灵敏度高，因而是最常用于测定 GABA 的一种方法。

三、实验器材

1. 实验材料

展开剂：500mL 正丁醇、300mL 冰乙酸和 200mL 超纯水混合均匀（体积比 5∶3∶2），加入 12g 茚三酮（终浓度为 1.2%），振荡混匀。

洗脱液：将 1% 的 $CuSO_4 \cdot 5H_2O$ 溶液和 75% 的乙醇溶液按体积比为 1∶19 的比例混合（配制时将 1% 硫酸铜溶液缓缓倒入 75% 乙醇溶液中以得到澄清的溶液），现配现用。

GABA 标准溶液的配制：精确称取 500.0mg GABA 用超纯水溶解，定容至 50mL，获得 10mg/mL 标准溶液。

GLU 标准溶液的配制：精确称取 500.0mg GLU 用超纯水溶解，定容至 50mL，获得 10mg/mL 标准溶液。

2. 器皿和仪器

层析缸，容量瓶，移液器，722 型分光光度计，烘箱，脱色摇床。

四、操作步骤

1. GABA 和 GLU 标准曲线的绘制

（1）层析纸平衡：将展开剂注入层析缸（直至展开剂高 3～5mm），30℃ 平衡 30min；裁剪滤纸，滤纸高 20cm，宽度依样品数量而定，在距纸边 2cm 处用铅笔轻轻画一条线（起始线），在线上每隔 2cm 用铅笔点 1 个小黑点作为点样处；按照表 7-4 配制不同浓度的 GABA 或 GLU 标准样品。

注意：用铅笔在滤纸上角标注左右，以便于完成显色后观察样品和标准品中对应的斑点。

表 7-4　GABA 或 GLU 标准样品的制备

编号	GABA 或 GLU 标准溶液 /mL	超纯水 /mL	GABA 或 GLU 浓度 /(mg·mL^{-1})
1	0	10	0
2	1.5	8.5	1.5
3	3.0	7.0	3.0
4	4.5	5.5	4.5
5	6.0	4.0	6.0
6	7.5	2.5	7.5
7	9.0	1.0	9.0

（2）点样：用移液器分别吸取 1～7 号 GABA 或 GLU 标准样品 2μL，点样于滤纸上（1～7 号中 GABA 或 GLU 的上样量分别为 0,3,6,9,12,15 和 18μg）。

注意：点样时要注意不要损伤点样处的滤纸，不要让原点直径大于 5mm，样品含量不能超过滤纸承载量，否则容易造成样品不能分开或严重拖尾现象。

（3）展层：将点样后的滤纸条在 30℃恒温条件下于展开剂中展开。

注意：层析的过程中滤纸不能和层析缸壁贴在一起；如在一个层析缸内有两张滤纸的情况下，则滤纸不能贴在一起；展开剂不能没过起始线，展开剂的前沿不能超过滤纸的最上沿。

（4）显色：展开完毕后于烘箱中 90℃加热 1h 显色；将 GABA-茚三酮或 GLU-茚三酮斑点从色谱纸上剪下，置于 5.0mL 洗脱液中，在 50r/min 40℃条件下振荡洗脱 60min；以空白洗脱液为参比，测定样品洗脱液在 520nm 处的吸光度；以样品中 GABA 或 GLU 含量为横坐标、A_{520} 为纵坐标，绘制标准曲线，获得回归方程。

注意：剪层析滤纸和点样的时候要注意尽量不要用手接触，避免污染滤纸而干扰实验结果。

2. 发酵液中 GABA 或 GLU 浓度的测定

（1）平衡：将展开剂注入层析缸，30℃平衡 30min。

（2）发酵液处理：取发酵液 2mL，常温下 6000r/min 离心 10min，获得上清液。

（3）点样：分别取 4.5mg/mL 的 GABA 标准样品、4.5mg/mL 的 GLU 标准样品，发酵上清液，依次点样于滤纸上，点样量为 2μL。

（4）展层：将点样后的滤纸条在 30℃恒温条件下于展开剂中展开。

（5）显色：展开完毕后于烘箱中 90℃加热 1h 显色。分别将与 GABA 和 GLU 标准品位置一致的斑点剪下，置于 5.0mL 洗脱液中，50r/min 40℃条件下振荡洗脱 60min。以空白洗脱液为参比，测定样品洗脱液在 520nm 处的吸光度。根据标准曲线的回归方程，计算获得样品中 GABA 和 GLU 的浓度。

五、实验报告

1. 实验报告

(1)绘制 GABA 或 GLU 标准曲线:不同浓度的 GABA 或 GLU 标准样品后经层析展开后,剪下色谱纸上 GABA-茚三酮或 GLU-茚三酮斑点后置于洗脱液中洗脱并测定 520nm 处的吸光度值。将每一个标准样品分析并测定三次,获得三个吸光度测定值 x_1,x_2 和 x_3,计算获得平均值 $\bar{x}$,分别填入表 7-5 中。以 GABA 或 GLU 浓度为横坐标,520nm 处吸光度平均值 $\bar{x}$ 为纵坐标绘制 GABA 或 GLU 标准曲线并获得回归方程。

表 7-5　GABA 或 GLU 标准曲线的测定

编号	GABA 或 GLU 浓度 /(mg·mL^{-1})	x_1	x_2	x_3	$\bar{x}$
1	0				
2	1.5				
3	3.0				
4	4.5				
5	6.0				
6	7.5				
7	9.0				

(2)发酵液中 GABA 或 GLU 浓度的测定:发酵液取样进行层析后剪下与 GABA 和 GLU 标准品位置一致的斑点,经洗脱后用于测定 520nm 处吸光度。每个发酵样品测定三个平行值,对获得的吸光度值取平均值。设标准曲线的回归方程为 $y=ax+b$,将吸光度平均值代入 y 求出 x 值,即为该发酵液样品中 GABA 或 GLU 的浓度。

2. 思考题

(1)展开剂倒入层析缸中后为什么要平衡一段时间后才进行层析分析?

(2)在利用纸层析法分析同一样品中 GABA 和 GLU 浓度时,这两种物质在滤纸上的斑点的位置(上下)是如何排列的?

六、实验拓展

试优化点样量、茚三酮溶液浓度、显色温度这三个参数,从而提高纸层析分离 GABA 和谷氨酸的效率。

(于　岚)

实验 8　红曲霉红色素提取

一、目的要求

1. 掌握色素色价的测定方法；
2. 熟悉分离纯化红曲霉红色素的基本原理和方法。

二、基本原理

红曲霉的应用在中国有悠久的历史,它是生产红曲酒、红曲米、功能性红曲饮片和天然色素的主要菌种,美国、法国等国家的学者对红曲的功能性、安全性、药用价值、作用机理以及分子结构等进行了广泛而深入的研究,发现红曲色素的保健功能十分优异。

红曲色素包含红色素、黄色素、橙黄色素和橙红色素等。红曲色素被认为是安全性较高的天然色素,不含黄曲霉毒素。食用含红曲色素及其制品的食物均未发现急、慢性中毒现象,该食物也无致突变作用。此外,红曲色素还具有抑菌防腐、保鲜、抗氧化、抗肿瘤、抗疲劳、降低血脂、血压、抗炎症、抗突变、增强免疫力、抗抑郁症、预防动脉硬化等功能。因此,红曲色素具有"天然、安全、营养、多功能"多重优点。红曲色素作为一种微生物发酵生产的天然色素,与工业合成色素相比,具有更广阔的应用前景,因此,分离纯化红曲有用活性成分具有重要意义。

红色素的色价是指每克样品在 505nm 处的吸光度。由于红曲红色素在可见光区扫描,有三个较大的吸收峰:390nm、420nm 和 505nm,其中在 505nm 处背景的影响相对较小,灵敏度相对较高,因此常用乙醇水溶液为提取溶剂,检测 505nm 的色价作为红色素组分的指标。

三、实验器材

1. 实验材料

红曲霉液态发酵,发酵醪液经过喷雾干燥制得菌体粉末;土豆,豆饼粉,玉米粉,琼脂,生物制剂,葡萄糖、蛋白胨磷酸氢二钾、硝酸钠、硫酸镁、乳酸、无水乙醇,均为国产分析纯。

2. 培养基

斜面培养基和平板培养基：土豆汁 20％，葡萄糖 2％，琼脂 2％。

发酵培养基：玉米粉 4％，豆饼粉 2％，pH6.0，将培养基于 121℃ 灭菌 25min。

3. 器皿和仪器

无菌吸管，无菌平皿，纱布，三角涂布棒，锥形瓶，干燥箱，细菌滤器等。

四、操作步骤

1. 菌种的活化

（1）制备菌悬液：取红曲霉斜面，加 4～5mL 无菌水洗下菌苔，制成菌悬液。

（2）液体培养：取菌悬液 2～3mL 接种于液体培养基（平板培养基不加琼脂）中，于 35℃ 培养 4～5d，直至菌液刚呈现鲜艳的红色。

（3）平板培养：取上述菌液经浓度梯度稀释至 10^{-4}，10^{-5}，10^{-6}，分别取稀释液 0.1mL 涂布于平板培养基中，于 35℃ 培养 4～5d，直至菌落呈现鲜艳的红色、绒毛较长且发红、培养基背面也呈现鲜艳的紫红色时将斜面保存、待用。

2. 液体摇瓶发酵及菌丝体的制备

将活化斜面接种于装液量为 250mL、容量为 500mL 的三角瓶中，在温度 35℃，转速 160r/min 条件下，发酵培养 7d。直至发酵液变成深红或紫红时，经八层纱布过滤得到菌丝体，蒸馏水洗涤 3 次，挤干湿菌丝体，将湿菌丝体于 80℃ 干燥箱中烘 24h 得干菌丝体，菌丝体于 −20℃ 冰箱密封保存。

3. 胞内色素色价的测定

（1）浸提液制备：将湿菌丝体按每 0.05g 加体积分数为 70％ 的乙醇水溶液 100mL 的比例配制，于 60℃ 浸提 120min，然后 4000r/min 离心 10min，取上清液得浸提液，待测。

（2）A_{505} 测定：将上述浸提液过滤并稀释到适当倍数（20000 倍），同时以 70％ 乙醇水溶液做空白对照，用 1cm 比色皿在 505nm 处的测定光吸收值，并记录。

4. 胞内色素总色素色价的测定

（1）浸提液制备：将湿菌丝体按每 1.000g 加体积分数为 70％ 的乙醇水溶液 100mL 的比例配制，于 60℃ 浸提，每隔 1h 更换溶剂，直到溶剂澄清透明不再有颜色，然后合并浸提液，然后 4000r/min 离心 10min，取上清液得浸提液，待测。

（2）A_{505} 测定：将上述浸提液过滤并稀释到适当倍数（20000 倍），同时以 70％ 乙醇水溶液做空白对照，用 1cm 比色皿在 505nm 处的测定光吸收值，并记录。

五、实验报告

1. 实验结果

（1）将测得的 A_{505} 记录于表 8-1。

表 8-1　实验结果记录

项目	湿菌丝体			干菌丝体			空白组		
	1	2	3	1	2	3	1	2	3
A_{505}									
平均值									

(2)从上表中选取平均值数值来计算红曲霉中色素色价值。计算公式如下：

$$N = \frac{A_{505}}{m \times X} \tag{8-1}$$

式中：N 为色价值；

　　　A_{505} 为浸提液在 505nm 处的光吸收值 A_1 减去空白组在 505nm 处的光吸收值；

　　　X 为稀释度；

　　　m 为取样量。

例如：当稀释度为 10^{-8} 时，取样量为 1.000g，同一稀释度测得样品 A_{505} 的平均值为 0.578，空白组 A_{505} 平均值为 0，为则该样品的效价为：

$$N = \frac{0.578}{1.000 \times 10^{-8}} = 5.78 \times 10^7 (U/g)$$

故效价为 $5.78 \times 10^7 U/g$。

2. 思考题

(1)色素色价的含义是什么？有几种表示法？用哪一种方法测得效价更准确？为什么？

(2)有哪些发酵条件会影响发酵产生的红曲红色素总色价？

六、实验拓展

查阅相关资料，分析有哪些因素会影响红曲色素的稳定性。

（薛栋升）

实验 9　微生物的菌种保藏

实验 9-1　甘油保藏法

一、目的要求

1. 掌握甘油法保藏菌种的操作方法；
2. 了解甘油法保藏微生物菌种的原理。

二、基本原理

在长期微生物菌种的保藏实践中发现，虽然保藏温度越低越能保持菌种的活性，如液氮（-196～-150℃）效果比超低温冰箱（-70℃）好，超低温冰箱效果优于-20℃，-20℃比4℃好，但菌种在冷冻和冻融操作过程中会对细胞造成损伤，而利用适当浓度的甘油或二甲亚砜等作为保护剂对细胞加以保护，可减少冻融过程中对细胞原生质及细胞膜的损伤。因为在适当浓度的甘油中，将会有少量甘油分子渗入细胞，缓解菌种细胞在冷冻过程中由于强烈脱水及胞内冰晶体的破坏作用。菌种放在-20℃左右的冰箱或超低温冰箱中甘油保藏。此方法具有操作简便、保藏期长、保存期间取样测试方便等优点，故它在基因工程研究中常用于保藏含有质粒的菌株，一般可保藏 2～3 年。

三、试验器材

1. 实验材料

大肠杆菌（*Escherichia coli*），50% 无菌甘油。

2. 培养基

含 50μg/mL 卡那霉素（Kanamycin）的 LB 固体和液体培养基。

3. 器皿和仪器

Eppendorf 移液管，接种环，无菌甘油管，无菌移液管，低温冰箱（-20℃或-70℃）等。

四、操作步骤

1. 无菌甘油制备

将 50％甘油置于三角瓶内,塞上棉塞,外加牛皮纸包扎,蒸汽灭菌(121℃,20min)后备用。

2. 保藏培养物的制备

(1)菌种活化与纯化:将待保藏的大肠杆菌菌株在 LB 固体培养基上作多次划线稀释,形成较多的独立分布的单个细胞,37℃培养过夜使其繁殖成相互独立的多个单菌落。

(2)挑取最典型的单菌落接种到 5mL LB 液体培养基的试管中,37℃振荡培养过夜,此时的菌龄为对数生长末期,细胞形态整齐,含菌量最高,适用于菌种保藏。

(3)性能检测:对已纯化的待保藏菌种做各种典型特征的检测或质粒等鉴定。

3. 保藏菌悬液的制备

(1)菌液制备:用无菌移液管吸取菌种培养液 0.8mL,置于无菌甘油管中。

(2)滴加甘油:再加入 0.2mL 的 50％无菌甘油于无菌甘油管中,使甘油终浓度为 10％左右,旋紧管盖。

(3)振荡混匀:振荡密封的无菌甘油管,使培养液与甘油充分混匀。

4. 低温保藏

将甘油菌种置于－20℃或－70℃保藏,保存期的检测中请勿反复冻融,一般大肠杆菌的保存期为 2～3 年。

五、实验报告

1. 实验结果

将甘油保藏菌种的名称与检测结果记录于表 9-1 中。

表 9-1 甘油保藏菌种记录

保藏日期	菌种名称		保藏温度	保藏年限	菌种生长情况
	中文名	拉丁名			

2. 思考题

(1)哪些菌种适合用甘油保藏法保存?

(2)甘油保藏法有哪些优缺点?

六、实验拓展

用甘油保藏法来保藏嗜热链球菌,如果买回来的是菌种冻干粉,如何运用甘油法来保藏菌种?活化后保藏的菌种属于哪一代菌种?

实验 9-2　干燥保藏法

一、目的要求

1. 了解菌种干燥保藏法的基本原理;
2. 掌握干燥法保藏菌种的操作方法。

二、基本原理

水是所有生物包括微生物生长繁殖的必要条件,因为生物体中进行着无数种生物化学反应,水是这些反应的介质,有时水也参与反应。微生物赖以生存的水分被蒸发后,细胞将处于休眠和代谢停滞状态,此时将细胞存放在密封低温环境中,利用干燥、缺氧、缺乏营养、低温等因素综合抑制微生物的生长繁殖,其保藏时间可达数年之久。为了增强微生物水分的蒸发效果,通常将其细胞或孢子吸附于增发面较大的沙土、硅胶、麸皮或陶瓷等载体上进行干燥,然后加以保藏。

三、实验器材

1. 实验材料

黑曲霉($Aspergillus\ niger$)菌种,10%盐酸,P_2O_5,白色硅胶,河沙,瘦黄土,石蜡等。

2. 培养基

肉汤培养基制备:蛋白胨 10g,牛肉膏粉 3g,氯化钠 5g,pH7.4±0.2,蒸馏水定容至1000mL,121℃灭菌 20min,冷却至室温。

3. 器皿和仪器

干燥管,移液管,试管,无菌培养皿,筛子,高压蒸汽灭菌锅,干燥箱等。

四、操作步骤

1. 沙土管保藏法

(1)沙土处理:取河沙加入 10% 稀盐酸,加热煮沸 30min 以去除其中的有机质,倒去酸水,用自来水冲洗至中性后烘干,用 60 目筛子过筛以去掉粗颗粒,备用。另取非耕作层的不含腐殖质的瘦黄土,加自来水浸泡洗涤至中性,烘干碾碎后用 100 目筛子过筛,备用。

(2)装沙土管:按一份土、三份沙的比例掺和均匀,装入 10mm×100mm 带螺帽的试管中,每管装 1g 左右,塞上棉塞后进行灭菌,烘干。抽样进行无菌检查,每 10 支沙土管抽 1 支,将沙土倒入肉汤培养基中,37℃ 培养 48h,若仍有杂菌,则需全部重新灭菌,再做无菌试验,直至证明无菌,方可备用。

(3)菌液制备:选择培养成熟的(一般指孢子层生长丰满的)黑曲霉菌种,用无菌水洗下,制成孢子悬液。

(4)加孢子液:于每支沙土管中加入约 0.5mL(一般以刚刚使沙土润湿为宜)黑曲霉孢子悬液,以接种针拌匀。

(5)干燥:放入真空干燥器内,内存 P_2O_5 作干燥剂,用真空泵抽干水分,抽干时间越短越好。

(6)收藏:每 10 支抽取 1 支,用接种环取出少数沙粒,接种于斜面培养基上进行培养,观察生长情况和有无杂菌生长,如出现杂菌或菌落数很少或根本不长,则说明制作的沙土管有问题,须重新制作;若经检查没有问题,用火焰熔封管口,放于冰箱或室内干燥处保存,每半年检查一次活力和杂菌情况。

(7)恢复培养:需要使用菌种复活培养时,取沙土少许移入液体培养基内,置温箱中培养。

2. 硅胶保藏法

(1)制备硅胶:将白色硅胶经 10~22 目筛子过筛,取均匀的中等大小颗粒装入 10mm×100mm 带螺旋帽的试管中,装量以 2cm 高为宜,然后在 160℃ 左右的烘箱中干热灭菌 2h。

(2)制备菌液:选择培养成熟的(一般指孢子层生长丰满的)黑曲霉菌种,以无菌水洗下,制成孢子悬液。

(3)加菌液:在加菌液前,盛硅胶的试管应放在冰浴中冷却 30min(因在加菌液时硅胶会吸水而发热,会影响孢子的成活),同时将试管倾斜,使硅胶在试管内铺开,然后从试管底部开始逐渐往上部缓慢滴加菌液,加入菌液量以使 3/4 硅胶湿润为宜。加完菌液,立即将试管放回冰浴中冷却 15min 左右。

(4)干燥:放松试管螺帽,放入干燥器内,在室温下干燥,试管内硅胶颗粒易于分散开,则表明硅胶已达干燥的要求。

(5)收藏:取出试管,拧紧螺帽,关口四周用石蜡密封,放于 4℃ 冰箱保藏。

(6)恢复培养:使用时,从硅胶管中取出数粒硅胶放入培养液中,在合适温度下培养即可。

五、实验报告

1. 实验结果

将菌种保藏法及结果记录于下表 9-2 中。

表 9-2　菌种保藏记录

接种日期	菌种名称		培养条件		保藏法	生长情况
	中文名	拉丁名	培养基	培养温度/℃		

2. 思考题

(1)干燥法保藏菌种有什么优点,其基本原理是什么?

(2)为什么在菌种管干燥过程中时间不宜过长?

六、实验拓展

用砂土法保藏微生物营养细胞时,发现效果不佳,试分析原因,并说明具有哪些特点的微生物适合用沙土法保藏。

(彭春龙)

实验 10 微生物细胞固定化技术

一、目的要求

1. 掌握酵母细胞固定化的方法;
2. 熟悉微生物细胞固定化的原理。

二、基本原理

微生物细胞固定技术是指运用物理手段或化学方法将游离的微生物细胞固定在载体上,使其在有限的空间区域内,既保持其生物活性,又可以反复使用的方法。该技术具有微生物密度高、反应速度快、产物容易分离、耐毒害能力强、微生物流失少等优点,可应用于食品、医药、化学、化学分析、能源开发、环境保护等;或者生产各种胞外产物,如氨基酸、有机酸、酒类、抗生素、酶、辅酶、甾体转化、废水处理等;还可以用于制造微生物传感器。

在微生物胞内酶的发酵生产与应用中,通过细胞破碎与酶的分离纯化等操作方法提取出来的酶往往活性和稳定性都会受到较大影响。运用固定化微生物细胞技术,既可提高微生物细胞的浓度,避免复杂的细胞破碎、酶提取和纯化过程,又可使酶的活性、稳定性以及降解有机物、抗杂菌、耐毒、耐冲击负荷等能力都能得到较大提高,另外还可以作为固体催化剂在多步酶促反应中运用,或者制备成颗粒状、膜状或凝胶状,填充到反应器中进行连续操作等。

常用的微生物细胞固定化方法包括载体结合法、交联法、共价结合法和包埋法等。

载体结合法也叫吸附法,指根据微生物细胞与载体之间的静电、表面张力与黏附力,使细胞固定在表面与内部,将酶(或细胞)吸附在载体表面上。具有操作简单方便、细胞活力损失小的特点,但细胞与载体之间作用力小,容易脱落。

交联法是指双功能或多功能的试剂与细胞表面的反应基团直接反应,彼此交联而形成网状结构,即将酶(或细胞)互相连接起来,其结合力是共价键。特点是制备较麻烦,活力损失也较大,但是细胞和载体之间的结合较紧密。

共价结合法是通过细胞表面的功能团与固相支持物表面的反应基团相互作用形成化学共价键连接,从而达到细胞固定目的的方法。其具有结合紧密、不易脱落,但活力损失较大且制备较难的特点。

包埋法是最常用也最简单有效的微生物固定方法。包埋法是指将微生物细胞均匀地包

埋在凝胶微小格子中或半透性的聚合物膜内,达到固定微生物的目的。该法能保持细胞中的酶处于活化状态,活性高、稳定性好、活力耐久。常见的载体包括蛋白质、多糖类、合成载体、多孔载体等。蛋白质载体包括明胶、骨胶原等;多糖类载体包括琼脂、纤维素、藻酸钙、葡萄糖凝胶、κ-角叉胶等;合成载体包括聚苯乙烯、丙烯酰胺、酚醛树脂等;多孔载体包括海藻酸盐等。

其中以海藻酸盐、聚丙烯酰胺和 κ-角叉胶最为常用。海藻酸盐具有无毒、化学稳定性好、价格低廉且包埋效率高的优点。但是在包埋处理过程中,凝胶颗粒容易破损、软化,机械强度和稳定性较差,不利于固定化细胞的多次利用。

本实验以海藻酸盐为例,介绍酿酒酵母的固定化方法。

三、实验器材

1. 实验材料
酿酒酵母($Saccharomyces\ cerevisiae$),无菌 20% 葡萄糖溶液,海藻酸钠,无菌水,无菌 0.1mol/L $CaCl_2$ 溶液。

2. 培养基
2% 蔗糖水溶液或麦芽汁培养基。

3. 器皿和仪器
玻璃棒,烧杯,试管,平皿,无菌的 250mL、500mL 三角瓶,带玻璃喷嘴的无菌小塑料瓶或移液管。

四、操作步骤

1. 活化酵母
酵母细胞在缺水时处于休眠状态,活化就是让处于休眠状态的酵母细胞重新恢复到正常的生活状态。

称取无菌干酵母 2g,接种于 2% 蔗糖溶液中,于 39~40℃ 活化 1~2h,分装成 10mL 每管,35℃ 预热备用。

2. 固定液制备
将无菌 20% 葡萄糖溶液与无菌 0.1mol/L $CaCl_2$ 溶液各 50mL 混合,配成 100mL 含 10% 葡萄糖的 0.05mol/L $CaCl_2$ 溶液,备用。

3. 包埋剂制备
取无菌小烧杯一只,称取海藻酸钠 0.4g,先用少量无菌水调成糊状,可用小火适当加热溶化,加水至总体积为 10mL。

4. 固定
待包埋剂冷却至 45℃ 左右,加入预热的酵母菌悬液,混合均匀。倒入无菌的小塑料瓶中,通过一个孔径为 2mm 的喷嘴,以恒定速度逐滴滴到含固定液的三角瓶中,使之形成凝胶珠,固定 30min(图 10-1)。用无菌镊子夹出一个凝胶珠放在实验桌上,然后用手挤压,观察有无液体流出;或者用力摔打凝胶珠,若凝胶珠非常容易弹起,则表明制备凝胶珠成功。

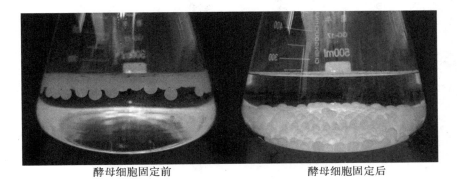

酵母细胞固定前　　　　　　酵母细胞固定后

图 10-1　酵母细胞固定化前后

5. 发酵

用无菌水洗涤制备成功的凝胶珠三次,转接入 300mL 无菌麦芽汁培养基中,置于 25℃下发酵 7～9d。发酵结束后品尝其口味,用蒸馏法(图 10-2)蒸馏出酒精溶液,再用酒精计和波美度计(图 10-3)测量计算其酒精含量。

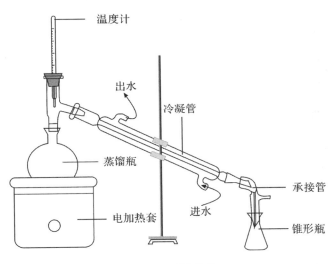

图 10-2　酒精蒸馏

五、实验报告

1. 实验结果

(1)观察凝胶珠的形状和颜色,如果形状不是圆形或椭圆形,说明什么? 如果凝胶珠颜色过浅、呈白色,又说明什么?

(2)观察发酵液颜色,记录发酵液口味及酒精含量。

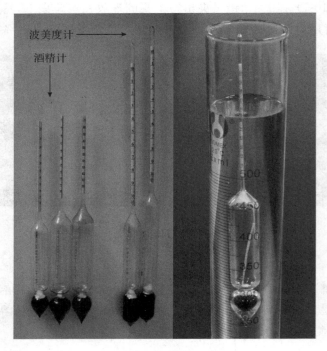

图 10-3　波美度计和酒精计

2. 思考题

(1)酵母固定化技术有哪些优点？

(2)为什么刚形成的凝胶珠要在 $CaCl_2$ 溶液中浸泡 30min 左右？

六、实验拓展

如果想把微生物的发酵过程变成连续的酶反应,应该选择哪种技术？ 如果反应物是大分子物质,又应该采用哪种方法？

（潘佩蕾）

第 2 篇
综合性实验

实验 11　乳酸菌的分离纯化及乳酸发酵酸奶的制作

一、目的要求

1. 掌握保加利亚乳杆菌和嗜热乳酸链球菌分离纯化的基本原理和方法；
2. 熟悉酸奶加工中双菌培养的基本原理；
3. 了解酸奶菌种的培养及其简易的加工技术。

二、基本原理

酸奶是以牛乳等为原料，经乳酸菌（主要是保加利亚乳杆菌 *Lactobacillus bulgaricus* 和嗜热链球菌 *Streptococcus thermophilus*）发酵生产的一种具有较高营养价值和特殊风味的饮料，并可作为具有一定疗效的食品。其制作原理是灭过菌的牛乳在有益菌（保加利亚乳杆菌和嗜热链球菌）的作用下，其中的蛋白凝结，同时，形成酸奶独特的香味（与乙醛生成有关），流程如图 11-1 所示。

图 11-1　酸奶形成过程

酸奶中含有乳酸菌的菌体及代谢产物，如脂肪，糖类，维生素 A、维生素 B、维生素 C 和钙、磷、铁等矿物质以及活性乳酸菌，对人体有益，是一种具较好保健疗效的饮品。

三、实验器材

1. 实验材料

市场销售的酸奶（酸奶发酵微生物一般选用保加利亚乳杆菌和嗜热性链球菌，也有使用双歧乳杆菌的。尽管目前认为双歧乳杆菌保健作用更好，但由于其不易培养且有异味，尚未全面推广使用），脱脂乳粉，蔗糖，棉花，酸奶瓶（自备、1 人/个）等。

2. 培养基

BGC 牛乳培养基,脱脂乳试管培养基,全脂牛奶或半脱脂牛奶。

3. 器皿和仪器

300mL 酸奶瓶,250mL 三角瓶,90mm 平皿,20mm×200mm 试管,1mL 移液管,玻璃涂布器,灭菌锅,超净工作台,培养箱,恒温摇床,冰箱等。

四、操作步骤

(一)乳酸菌的分离纯化

1. BGC 培养基的制备

A 溶液:脱脂乳粉 100g,水 500mL,加入 1.6% 溴甲酚绿(BGC)乙醇溶液 1mL,80℃灭菌 20min。

B 溶液:酵母膏 10g,水 500mL,琼脂 20g,pH6.8,121℃灭菌 20min。

以无菌操作趁热将 A、B 溶液混合均匀后倒平板。

脱脂乳试管的配制与灭菌:直接选用脱脂乳液或按脱脂奶粉 10g 与蔗糖 5g、水 95g(蔗糖与水的比例在 1∶10 的范围内)的比例配制,装量以试管(20mm×200mm)的 1/3 为宜,115℃灭菌 15min。

2. 超净台准备

超净工作台紫外灯预开 20min,在使用前,打开无菌风,根据情况调节无菌风大小,操作过程中,点燃酒精灯,一切操作均在超净台里、酒精灯旁进行。

3. 制备样品稀释液

在超净工作台操作,取 8 根无菌试管(20mm×200mm),内装 9mL 无菌水,用 1mL 移液管取市售新鲜酸奶 1mL,加入无菌试管,摇动 5min,混匀;用无菌吸管吸出 1mL 酸奶悬液,加入盛有 9mL 无菌水的试管中,充分混匀,制备得到 10^{-2} 稀释液;再从中吸出 1mL 酸奶悬液,加入盛有 9mL 无菌水的试管中,充分混匀,制备得到 10^{-3} 稀释液;以此类推,逐级稀释为 10^{-1},10^{-2},10^{-3},10^{-4},10^{-5},10^{-6}(图 11-2)。

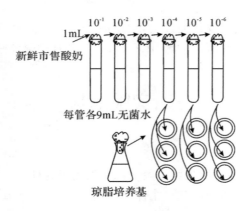

图 11-2 制备样品稀释液

4. 涂布培养

取其中的 10^{-4},10^{-5},10^{-6} 三个稀释度的稀释液各 0.2mL,分别加至 BCG 牛乳培养基琼脂平板上(约 6 块/100mL 培养基),用涂布板依次涂布,置于 27℃ 环境中,倒置培养 2～3d。每组设置 3 个对照组。

5. 观察记录

观察菌落特征,如出现圆形稍扁平的黄色菌落且其周围培养基变黄者,初步定为乳酸菌。

扁平型菌落:大小为 2～3mm,边缘不整齐,很薄,近似透明状,染色镜检为细杆状。半球状隆起菌落:大小为 1～2mm,隆起成半球状,高约 0.5mm,边缘整齐且四周可见酪蛋白水解透明圈,染色镜检为链球状。礼帽形突起菌落:大小为 1～2mm,边缘基本整齐,菌落中央呈隆起状,四周较薄,有酪蛋白水解透明圈,染色镜检亦为链球状。

6. 乳酸菌的纯化

选取乳酸菌典型菌落转至脱脂乳试管中,37℃ 培养 48h,若牛乳出现凝固,无气泡,显酸性,涂片镜检细胞杆状或链球状,革兰染色阳性,则可将其连续传代 3 次,最终选择出在 3～6h 能凝固的牛乳管,作菌种待用。

(二)乳酸菌发酵酸奶的制作

1. 发酵剂的制备

(1)纯种的活化:取灭菌的脱脂牛乳培养基 2 支,按无菌操作法用灭菌接种勺分别接种保加利亚乳杆菌及嗜热链球菌各 1 接种勺,摇匀后,将保加利亚乳杆菌置于 37℃ 下培养 24h,将嗜热链球菌置于 37℃ 下培养 24h 进行活化,如此反复活化 3～4 代后,镜检细胞形态,无杂菌时即可使用。

(2)母发酵剂的制备:复原牛奶(以组为单位,1 瓶/人):奶粉＋开水(控制蛋白质含量在 10% 左右);装瓶、包扎:约 200mL/瓶,两层牛皮纸包扎瓶口;灭菌:将牛奶和移液管于 121℃ 下灭菌 20min,冷却至 40℃ 左右。按乳量的 1%～3% 分别接入经活化的菌种[保加利亚乳杆菌及嗜热链球菌(1∶1)],摇匀后,置于室温下培养 6～8h,凝固后备用。

(3)生产发酵剂:可用原料奶制作,控制蛋白质含量在 10% 左右。基本方法同母发酵剂。一般采用 500～1000mL 的三角瓶或不锈钢的发酵罐进行,以 90℃ 60min 或 100℃ 30～60min 消毒,冷却至菌种发育的最适温度,然后按生产量的 1%～3% 接入母发酵剂,充分搅拌,置于 43℃ 下培养,达到所需酸度时(6～8h)取出,降温,冷藏备用。

2. 酸奶制作

(1)原料奶制作:原料奶可以直接从市场购买新乳,要求酸度 18°T 以下,杂菌数不大于 $5×10^5$ 个/mL,干物质含量 11% 以上,不含抗生素及防腐剂,本实验采用的奶粉应控制蛋白质含量在 10% 左右。

(2)加糖:按原料奶的 8%～10% 加入蔗糖,可根据个人口感进行添加。

(3)分装:酸奶瓶(250mL),200mL/瓶。

(4)杀菌、冷却:将盛有加糖鲜奶的酸奶瓶,两层牛皮纸封口后置于 90～95℃,维持 10～20min,灭菌后冷却至 37℃ 左右再接种。

(5)接种:将制备好的生产发酵剂,按原料奶的 3%～5% 的接种量用移液管接入经杀菌、冷却的牛奶中,充分混匀。

（6）前发酵：将接种后的酸奶瓶置于40～45℃下保持6～8h，当pH达到4.2～4.3时，即完成了前发酵，随即放入4～7℃冷藏室，注意轻拿轻放，不得振动，以免破坏凝乳结构而使乳清析出。

（7）后发酵：酸奶在发酵形成凝块后，应在4～7℃的低温下保持24h以上，此称为后熟阶段，以获得酸奶特有的风味和口感，pH在4.1～4.2时为最好，此时即发酵完毕。

（8）品味：酸奶质量的评定以品尝为标准，通常有凝块状态、表层光洁度、酸度及香味等多项指标。

五、实验报告

1. 实验记录

（1）乳酸菌的分离纯化

①记录乳酸菌形态及培养基变化。

②将各平板上的乳酸菌菌落数记录于表11-1。

表11-1　不同稀释度平板乳酸菌菌落数

稀释度	10^{-7}			10^{-8}			10^{-9}		
	1	2	3	1	2	3	1	2	3
乳酸菌菌落数/个									
平均值									

③将各牛乳管的凝固时间记录于表11-2。

表11-2　牛乳管的凝固时间

标号	①			②			③		
	1	2	3	1	2	3	1	2	3
凝固时间/min									
平均值									

实验总结：本次试验成败及其原因分析，本实验的关键环节及改进措施，做好本实验需要把握的关键环节；若重做本实验，为实现预期效果，仪器操作和实验步骤的改善之处；对实验的自我评价。

（2）乳酸发酵酸奶的制作

①从感观指标上评定自制酸奶质量，填写表11-3。

表 11-3　酸奶感官评定

项目	结果
色泽	
状态	
气味	
味道	

②制作的酸奶的质量评价结果分析。

2. 思考题

(1)发酵剂生产中为何要配制两种以上的乳酸菌进行接种发酵?

(2)影响酸奶成熟的主要因素是什么?

六、实验拓展

目前,市场上销售的酸奶按品种可分为搅拌型和凝固型;从风味方面可分为纯味、果味、果粒、蔬菜汁等;每一个厂家的酸奶都有其一定的特点,从口感、香气等方面上看,各有不同,作为生物工程专业的本科生,从健康生活方面来讲,你觉得消费者该选择何种酸奶来饮用?

(付永前)

实验 12　己酸菌厌氧发酵生产己酸

一、目的要求

1. 掌握己酸的定性与定量测定方法；
2. 了解细菌厌氧培养方法。

二、基本原理

己酸菌是白酒生产中产己酸的微生物。由它代谢产生的己酸与发酵生产中乙醇酯化生成的己酸乙酯是浓香型白酒的典型风味成分。己酸乙酯含量是浓香型白酒质量的一个重要指标，也是酒优质率的主要限制因素，所以保持浓香型白酒中己酸乙酯的含量是浓香型白酒生产的一个关键所在。

己酸乙酯的产生需要很长的时间，但发酵时间有限，故己酸菌产生的己酸作为己酸乙酯的重要前体，其质量优劣尤为重要。

己酸与硫酸铜有特殊的显色反应，这一特点可用作己酸的定性分析。但硫酸铜显色法只能粗略测得己酸含量而不能进行准确的定量。己酸在波长 660nm 处有吸收峰，所以，可以在此波长下测定己酸的吸光度值，作己酸含量-吸光度值的标准曲线，得出标准曲线。再对己酸发酵液进行相同处理后测定其吸光度值，带入标准曲线方程，得到发酵液中己酸含量。

己酸和乙醇形成己酸乙酯的方程式如下：

$$CH_3CH_2OH + CH_3CH_3CH_3CH_3CH_3COOH \longrightarrow CH_3(CH_2)_4COOCH_2CH_3 \quad (12\text{-}1)$$

三、实验器材

1. 实验材料

己酸菌，乙酸钠，酵母膏，硫酸镁，琼脂，磷酸氢二钾，硫酸钙，氢氧化钠，无水乙醇，无水乙醚，硫酸铵，醋酸铜，以上化学试剂均为国产分析纯。

2. 培养基

乙酸钠培养基：乙酸钠 0.5％，酵母膏 0.1％，硫酸镁 0.02％，磷酸氢二钾 0.04％，硫酸铵 0.05％，0.5％硫酸钙 20mol/L，无水乙醇 2％（灭菌后加入），将培养基于 121℃灭菌 20min。

固体斜面培养基：乙酸钠培养基＋2％琼脂。

3. 器材和仪器

高压灭菌锅，722s 型可见分光光度计，无菌吸管，无菌平皿，三角涂布棒，试管，培养箱，细菌滤器等。

四、操作步骤

1. 菌种的活化

（1）制备菌悬液：取己酸菌斜面，加 4mL 无菌水洗下菌苔，制成菌悬液。

（2）液体培养：取菌悬液 2mL 接种于装有液体培养基的试管中，补充液体培养基至试管加满，用胶塞密封，并用塑料膜加封，于 37℃培养 4～5d。观察试管中是否产生气泡。

（3）平板培养：取上述菌液经浓度梯度稀释至 10^{-4}，10^{-5}，10^{-6}，分别取稀释液 0.15mL 涂布于平板培养基中，于真空培养箱中在 0.08Mpa，37℃条件下培养 4～5d。

（4）保存斜面：挑取平板中的单菌落接种于斜面中，在真空培养箱中于 0.08Mpa，37℃条件下培养 3～5d，待用。

2. 液体摇瓶发酵及菌丝体的制备

（1）制备种子液：配制乙酸钠培养基，选取固体斜面试管中生长状况良好的菌种，挑取一环于试管培养液中，37℃恒温培养 5d，即可作种子液使用。

（2）接种发酵：配制乙酸钠培养基，按培养液 10％的接种量接种种子液于培养液中，37℃恒温培养 7d，发酵液待用。

3. 己酸的定性分析

（1）2％硫酸铜溶液配制：称取 2.000g 硫酸铜溶解于 100.0mL 纯水中，充分搅拌使之完全溶解，待用。

（2）己酸定性：取己酸发酵液 2mL，加 2％硫酸铜溶液 2mL，无水乙醚 1mL，振荡，使之反应分层，观察乙醚层呈现的绿色，颜色越深，己酸含量越高。

4. 己酸的定量分析

（1）1％标准己酸溶液配制：精确吸取 1mL 己酸原液，加入稀释液定容至 100mL 容量瓶中，其 pH 值为 4.0，若要用 pH6.8 的己酸溶液，应当在加至 95mL 左右时用 20％NaOH 溶液调 pH 值。

（2）稀释液制备：0.4％ NaAc，0.1％酵母提取物，1％乙醇，0.05％$(NH_4)_2SO_4$，0.04％K_2HPO_4，0.02％$MgSO_4$，待各成分溶解后过滤即得。此溶液的 pH 值为 6.8。

（3）5％醋酸铜溶液配制：准确称取醋酸铜 5.000g 溶解于 100mL 纯水中，搅拌使之完全溶解，待用。

（4）发酵液前处理：为了使样品测定时反应液的 pH 值与标准曲线制作时一致，现将样

品用20％NaOH调至pH值为6.8,然后精确取样1.00mL于3支平行试管A、B、C中。

(5)试剂添加:按表12-1分别于试管中加入各种试剂。

表12-1　比色法测定己酸试剂加样

组别	标准液组							对照组	样品/mL		
试管编号	1	2	3	4	5	6	7	0	A	B	C
己酸发酵液/mL	0	0	0	0	0	0	0	0	1	1	1
1％标准己酸(pH6.8)/mL	0	1.50	1.75	2.00	2.25	2.50	2.75	0	1.00	1.50	2.00
稀释液/mL	8.00	6.50	6.25	6.00	5.75	5.50	5.25	8.00	6.00	5.50	5.00
5％醋酸铜溶液/mL	2	2	2	2	2	2	2	2	2	2	2
乙醚/mL	5	5	5	5	5	5	5	5	5	5	5

(6)A_{660}测定:待加完试剂后,塞紧筛子,剧烈振荡,静置待分层后,用吸管或移液枪将上层乙醚液移入比色杯中,在波长660nm处测吸光度值。

五、实验报告

1. 实验结果

(1)将各测得的A_{660}记录于表12-2。

表12-2　比色法测定己酸结果记录

组别	标准液组							样品			对照组		
	1	2	3	4	5	6	7	A	B	C	1	2	3
A_{660}								A_1	A_2	A_3			
己酸量								x_1	x_2	x_3			

(2)绘制1％己酸标准曲线:

(3)计算:经测定,样品液的吸光度值分别为A_1、A_2、A_3,根据标准曲线可查到对应的己酸量分别为x_1、x_2、x_3,最后可求出每毫升样品中己酸毫克数。公式如下:

$$\bar{x}=[(x_1-1.00)+(x_2-1.50)+(x_3-2.00)]/3 \qquad (12-2)$$

$$c=\bar{x}\times0.93 \qquad (12-3)$$

式中:c为己酸浓度,单位为mg/mL;

0.93为己酸的比重。

例如:当$x_1=1.45$,$x_2=1.90$,$x_3=2.40$,空白组平均值0.00,为则该样品的己酸含量为:

$$\bar{x}=\frac{(x_1-1.00)+(x_2-1.50)+(x_3-2.00)}{3}$$

$$=\frac{(1.45-1.00)+(1.90-1.50)+(2.40-2.00)}{3}=0.42$$

$$c = \bar{x} \times 0.93 = 0.42 \times 0.93 = 3.9 (\text{mg/mL})$$

故该样品中己酸含量为 3.9mg/mL。

2. 思考题

(1)己酸与硫酸铜显色的原理是什么?

(2)除比色法定量分析外,还有哪些定量分析方法? 用哪一种方法测得的效价更准确? 为什么?

六、实验拓展

除菌种和培养基外,还有哪些因素影响己酸菌产己酸的量?

(薛栋升)

实验 13　谷氨酸发酵及测定

一、目的要求

1. 掌握谷氨酸发酵的一般工艺过程；
2. 熟悉谷氨酸发酵液中产物的提取、测定方法；
3. 了解谷氨酸发酵的影响因素；
4. 了解纸上层析法、比色法定性和定量测定谷氨酸的方法。

二、基本原理

谷氨酸对食品有助鲜、助香作用，可作为风味增强剂用于增强饮料和食品的味道，另外对动物性食品还有保鲜作用。在医药应用方面，可通过与血氨形成谷酰胺，解除代谢过程中产生的氨的毒害作用，保护肝脏，预防和治疗肝昏迷，是肝脏疾病治疗的辅助药物之一。在日用化妆品方面，谷氨酸是世界上产量最大的氨基酸。谷氨酸缩合而成的阴离子表面活性剂，性能优良，广泛用于化妆品、牙膏、洗面奶、香波、香皂、泡沫浴液等产品中，还可作为生发剂，营养皮肤和毛发，预防脱发并使头发新生。

谷氨酸发酵主要采用糖质原料，也可以用乙酸或乙醇等作原料。在用糖质作原料时，葡萄糖在谷氨酸生产菌的各种酶系作用下，经己糖酵解、单磷酸己糖、三羧酸循环、乙醛酸循环等途径生成谷氨酸、CO_2 和 H_2O。整个发酵过程可分为菌体生长和产酸、谷氨酸大量积累两个阶段，其影响因素包括生产菌种的特性、生物素的浓度、供氧浓度、NH_4^+ 浓度、碳源、碳氮比、发酵温度、pH 值、泡沫情况、发酵时间等。

利用细菌生产谷氨酸是微生物好氧发酵的一个很典型的代表，谷氨酸生产菌主要指棒状杆菌属、短杆菌属、微杆菌属和节杆菌属的细菌。目前生产上用得较多的是优良菌株黄色短杆菌 T6-13。

从斜面试管保藏的原菌到能够供大规模生产所需的种子，必须经过若干次扩大培养。

谷氨酸发酵工艺流程见图 13-1。

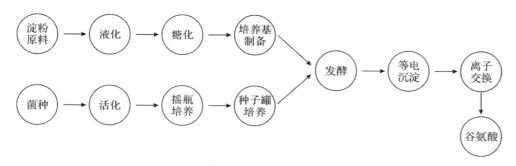

图 13-1　谷氨酸发酵工艺

三、实验器材

1. 实验材料

黄色短杆菌($Brevibacterium\ flavum$，30～33℃，培养 24～48h)，标准谷氨酸溶液，0.5％茚三酮溶液，正丁醇，甲酸，氨水，乙醇，新华一号滤纸。

2. 培养基

活化培养基：葡萄糖 0.1g，牛肉膏 1.0g，蛋白胨 1.0g，氯化钠 0.5g，琼脂粉 1.5g，pH6.8～7.2，100mL H_2O；

发酵培养基：葡萄糖 11g，KH_2PO_4 0.25g，$MgSO_4 \cdot 7H_2O$ 0.06g，尿素 2.0g，维生素 B_1 2μg，生物素 0.3ng，Na_2SO_4 1.7g，pH7.0，H_2O 100mL。

3. 器皿和仪器

接种环，酒精灯，试管，三角瓶，烧杯，烘箱，恒温培养箱，负压式超净工作台，摇床，分光光度计，层析缸。

四、操作步骤

(一)培养基的制备

1. 活化斜面培养基

除琼脂外，先将其余各成分溶解于水，调整 pH 值后加入琼脂并使之融化，分装试管(一般培养基的装量是试管容量的 1/5)。以 115℃ 蒸汽灭菌 10min，取出后趁热制成斜面，冷却凝固，斜面的长度为试管长度的 1/2～3/5。

2. 发酵培养基

除尿素外，先将其余各成分溶解于水，以 115℃ 蒸汽灭菌 10min；尿素单独以 105℃ 蒸汽灭菌 10min，而后将两者混合均匀，要求 pH 值为 7.0。将上述培养基在无菌条件下分装于已经灭菌的 500mL 三角瓶中，装量为 100mL。

(二)菌种的扩大培养

1.菌种活化

将黄色短杆菌试管斜面菌种接种于试管活化斜面培养基上,以 30～33℃培养 24～48h。

2.菌种增殖

将培养好的斜面菌种接一环于三角瓶发酵培养基中,32～34℃摇床振荡培养 12～18h。

(三)发酵控制条件

(1)接种量控制:将培养好的成熟种子接种于上述发酵培养基中,接种量为 1%～2%。

(2)发酵温度控制:0～16h 为 32～34℃,16h 后为 34～36℃,120r/min。

(3)发酵液 pH 控制:0～12h pH 值为 7.1～7.4,12～28h pH 值为 7.1～7.3,28h 后适当降低,一般 pH 值为 7.0 以下,收瓶前 pH 值为 6.4～6.7。可用流尿调节,发酵过程加尿素 4～5 次,每次 0.4%～0.6%,最后一次 0.2%～0.3%。总尿(含初尿)为发酵液量的 2.5%～3.0%。

(4)发酵时间控制:34～36h。

(四)谷氨酸鉴定

1.谷氨酸定量测定(比色法)

(1)原理:L-谷氨酸与茚三酮共热,在 pH5.5～6.0 时会发生特有的蓝紫色反应。在最大吸收波长 569nm 处,根据显色的深浅,测定 OD 值。以 L-谷氨酸梯度浓度的 OD 值为纵坐标,绘制出标准曲线。处理谷氨酸发酵液,测定其 OD 值,在标准曲线上找出其对应的浓度,以此可以为发酵液中谷氨酸定性和定量。此种检测谷氨酸浓度的方法误差率在 10% 左右。

(2)标准样品的制备:L-谷氨酸分析纯梯度溶液的配制:称取 0.01g、0.02g、0.03g、0.04g、0.05g 分析纯谷氨酸,分别溶解于 100mL 蒸馏水中,调节 pH 值为 5.5～6.0。

(3)发酵液的预处理:发酵液 3000r/min 离心 2min,去其菌体,取上清液,调节 pH 值为 5.5～6.0。

(4)茚三酮试剂和 pH 调节试剂制备:称取 0.5g 茚三酮溶于 100mL 丙酮中;配制 2mol/L NaOH 溶液(80g NaOH 溶于 100mL H_2O)和 1mol/L HCl 溶液(36mL 盐酸溶于 64mL H_2O)。

(5)标准样品 OD_{569} 值的测定:取 5 支直径一致的小试管,按表 13-1 分别加入 3mL 的 L-谷氨酸标准样品,每个浓度各一管。每支试管再加入 0.5mL 茚三酮试剂,震荡混匀,塞上试管帽。立即置于 80℃水浴锅中加热 3min(冬天 3.5min),再置于冰浴中 3min。以蒸馏水为空白对照,在最大吸收波长 569nm 处,用紫外分光光度计以 1cm 石英比色杯比色,测出标准样品的 OD 值,每个浓度重复三次,取其平均值。以 OD 值为纵坐标,绘制标准曲线。

表 13-1 标准曲线制作过程中不同试剂的添加量

试剂	L-谷氨酸				
	0.01g/100mL	0.02g/100mL	0.03g/100mL	0.04g/100mL	0.05g/100mL
标准液/mL	3	3	3	3	3
茚三酮/mL	0.5	0.5	0.5	0.5	0.5

(6)发酵液 OD_{569} 值的测定:按表13-2所示,取直径一致的小试管4支,分别加入 3mL 预处理过的发酵液,1号、2号、3号试管加入 0.5mL 0.5％茚三酮试剂,震荡均匀,塞上试管帽;80℃水浴锅中加热 3min(冬天 3.5min),迅速冰浴 3min。在 569nm 处,以未加茚三酮的4号试管为空白对照,分别测定发酵液的 OD 值,每个浓度重复三次,取其平均值。再从标准曲线上查出发酵液中谷氨酸实际浓度值。

表 13-2　发酵液 OD 值测定

管号	1	2	3	4
预处理过的发酵液/mL	3	3	3	3
茚三酮/mL	0.5	0.5	0.5	—

2. 谷氨酸的定性测定(纸层析法)

(1)原理:根据样品在滤纸上的层析距离,以及其与茚三酮试剂发生特定的显色反应,测定谷氨酸的 R_f 值。以 L-谷氨酸分析纯梯度溶液的 R_f 值绘制标准曲线,然后根据发酵液的 R_f 值在标准曲线上查出其对应的谷氨酸的浓度。

(2)标准样品的配制和发酵液的预处理:方法同 1. 谷氨酸定量测定(比色法)步骤(2)和(3)。

(3)滤纸的准备:选用国产新华1号滤纸(若有较多的样品需在纸上分离,可采用新华3号滤纸),戴上橡皮手套,将滤纸裁剪成 20cm×21cm,在距纸边 2cm 处,用铅笔轻轻画一条线,于线上每隔 3cm 处画一小圆圈作为点样处,圆圈直径不超过 0.5cm。

(4)点样:将准备好的滤纸悬挂在点样架上,滤纸垂直桌面,用点样管(也可用血色素管代替)分别吸取上述 L-谷氨酸标准样品和预处理的发酵液,点样的扩散直径控制在 0.5cm 之内,点样过程中必须在第一滴样品干后再点第二滴,一般点 5～8 次,为使样品加速干燥,可用加热装置(如吹风机或灯泡)加热。但要注意温度不可过高,以免破坏氨基酸。标准样品分别点两个点,在另外的滤纸上分别点上预处理过的发酵液。

(5)展层:酸溶剂系统为正丁醇：88％甲酸：水＝15：3：2(体积比),平衡溶剂与展层溶剂相同(使用的溶剂系统需新鲜配制,并摇匀)。在层析缸中平衡 1～2h,平衡后,将点了样的滤纸放到层析缸,有线的在下端。当溶剂展层至离纸的上沿约 1cm 时,取出滤纸,立即用铅笔标出溶剂前沿位置,挂在绳上或点样架上晾干,使纸上溶剂自然挥发,直至除净溶剂。

(6)显色:用喷雾器将 0.5％茚三酮无水丙酮溶液均匀地喷在已除尽溶剂的层析滤纸上。每张纸共用显色剂 25mL,分别在两面喷雾,滤纸充分晾干后,置于 65℃鼓风箱中 30min,鼓风保温,滤纸上即显出紫红色斑点。标准样品的 R_f 值为纵坐标,绘制标准曲线,对比标准品和样品 R_f 值,可以大致估计发酵液的谷氨酸浓度。

五、实验报告

1. 实验结果

(1)将测得 OD_{569} 值记录于表 13-3 中。

表 13-3　比色法测定谷氨酸结果记录

	标准曲线					发酵液			空白对照
OD$_{569}$	1	2	3	4	5	1	2	3	4
谷氨酸含量									

（2）绘制谷氨酸标准曲线。

（3）计算：根据测定样品液的吸光度值查对标准曲线，得到相应的谷氨酸产量。

2. 思考题

（1）若发酵液的 pH 恒定不变，对谷氨酸的产量会有什么影响？

（2）谷氨酸发酵过程中，生物素的用量过多或过少，分别会有什么影响？

（3）本实验中三角瓶种子培养和发酵试验为什么要采用摇床振荡培养？如果采用静止培养基，结果将会怎样？

六、实验拓展

假设用黄色短杆菌生产 α-酮戊二酸，请根据现有知识，设计一个合理方案。

（潘佩蕾）

实验 14　米曲霉发酵生产蛋白酶及测定

一、目的要求

1. 掌握蛋白酶活性的分析方法；
2. 熟悉米曲霉发酵生产蛋白酶的原理和技术。

二、基本原理

固态发酵(solids state fermentation, SSF)是指在培养基呈固态，没有或几乎没有自然流动水的状态下进行的一种或多种微生物发酵过程。固态发酵培养基中除含有丰富的水和水溶性底物外，还有一些不溶于水的聚合物，它们一方面为微生物生长提供必需的碳源、氮源、无机盐、水及生长因子，另一方面也为微生物生长提供场所。

固态培养是我国传统发酵工业的特色之一，具有悠久的历史，在黄酒、白酒、酱油、酱类等领域应用广泛。固态发酵主要有散曲法和块曲法。部分黄酒用曲、红曲及酱油米曲霉培养属散曲法；而大多数黄酒用曲及白酒用曲一般采用块曲法。

固态制曲设备：实验室主要采用三角瓶或茄子瓶培养；种子扩大培养可将蒸熟的物料置于竹匾中，接种后在温度和湿度都有控制的培养室内进行培养；工业上目前主要是用厚层通风池制曲；转式圆盘式固态培养装置正在试验推广之中。

固态发酵的主要优点是节能、无废水污染、单位体积的生产效率较高。固态发酵尤其适合一些丝状微生物的发酵，例如霉菌、蕈菌，在一些细菌发酵中也有应用。我国广泛使用厚层通风固态法培养法，空气一般不经过除菌处理，培养环境也无法做到严格无菌，故染菌问题未得到根本解决。

米曲霉(*Aspergillus oryzae*)属于需氧型丝状真菌，是一种重要的工业微生物。在土豆天然培养基上培养时，开始为白色菌丝体，两天后即开始产孢子变绿；从平板反面看呈同心圆，内圈颜色较深，外圈颜色很浅成白色。适宜生长的 pH 值为 6.5～6.8，最适温度为 32～35℃，产酶温度一般在 28～30℃。米曲霉具有很强的蛋白酶和糖苷酶合成能力，并且可以利用淀粉或纤维素等廉价原料高效生产蛋白酶，已经成为食用蛋白酶的主要生产菌株。米曲霉合成的蛋白酶种类繁多，目前已知的就有 9 种酸性蛋白酶，3 种中性蛋白酶，6 种碱性蛋白酶。

蛋白酶是可以水解蛋白中的肽键并生成氨基酸或小肽的酶，广泛存在于动物、植物、微

生物中。蛋白酶按照其降解多肽的方式可分为内肽酶和外肽酶两类。外肽酶从蛋白质肽键的氨基末端和羧基末端水解肽键,分解得到氨基酸;内肽酶从蛋白质的内部肽键处分解蛋白质,分解得到多肽和小肽。内肽酶在工业上最常用,例如胰蛋白酶、胰凝乳蛋白酶、胃蛋白酶、木瓜蛋白酶等。

蛋白酶按照其作用原理,可以分为丝氨酸蛋白酶、巯基蛋白酶、天冬氨酸蛋白酶和金属蛋白酶。丝氨酸蛋白酶在活性中心激活丝氨酸残基,被激活的羟基与肽键的碳原子发生亲核反应,肽键断裂后,酰基上的碳被酯化,肽键的氮端被释放游离,通过水解反应,与酶相连的碳端产物被释放,包括胰蛋白酶、糜蛋白酶、弹性蛋白酶等。巯基蛋白酶活性中心的催化残基是巯基,依靠巯基催化水解蛋白质的肽键,包括木瓜蛋白酶、菠萝蛋白酶等。天冬氨酸蛋白酶的活性中心为两个天冬氨酸残基,可水解蛋白质的肽键。金属蛋白酶活性中心有一定量的金属离子,例如胰凝乳蛋白酶为 Ca,羧肽酶为 Zn,中性蛋白酶为 Zn,嗜热蛋白酶为 Ca、Zn 等。

蛋白酶按照其最适 pH 不同,可分为酸性蛋白酶、中性蛋白酶和碱性蛋白酶。酸性蛋白酶的最适 pH 值通常在 3.0 左右,常用于烘焙、酿酒、皮革等工业;中性蛋白酶的最适 pH 值通常在 7.0 左右,常用于水解蛋白粉、烘烤行业、大豆分离蛋白、啤酒工业、医药、纺织等领域;碱性蛋白酶的最适 pH 值则通常在 10.0 左右,主要应用领域有洗涤剂、制革、丝绸、饲料、医药、食品、环保等。

本实验主要是利用米曲霉,通过固态培养制备蛋白酶及进行蛋白酶活力的测定。蛋白酶的活力测定实验的模式底物为酪蛋白,该底物能够被蛋白酶水解产生酪氨酸等氨基酸。酪蛋白水解产物的测定采用 Folin-酚法。Folin-酚试剂在碱性条件下极不稳定,易被酚类化合物(酪氨酸)还原为蓝色复合物,蓝色的深浅(OD_{660})与酚类化合物的含量呈正比。因此,可以先用酪氨酸标准溶液与 Folin-酚显色,测定 OD_{660} 吸光值,制作标准曲线;再将蛋白酶水解酪蛋白的产物与 Folin-酚显色,测定 OD_{660} 吸光值,计算酪蛋白水解产物的含量,进而计算蛋白酶的活力。步骤为:纯化菌种→制成斜面→将斜面菌种接入 250mL 三角瓶培养成种曲→种曲扩大培养(500mL 三角瓶)→米曲霉培养物→水溶液萃取→得粗酶制剂→测定蛋白酶活力。

三、实验器材

1. 实验材料

米曲霉(*Aspergillus oryzae*),菌落初为白色、黄色,继而变为黄褐色至淡绿褐色,反面无色。平板,500mL 三角瓶,0.02mol/L pH7.5 磷酸缓冲溶液,酪氨酸等。

2. 培养基

(1)试管斜面培养基:

①豆饼浸出汁培养基:100g 豆饼粉,加水 500mL,浸泡 4h,煮沸 3～4h,纱布自然过滤,取液。每 100mL 土豆汁中加入可溶性淀粉 2g,磷酸二氢钾 0.1g,硫酸镁 0.05g,硫酸铵 0.05g,琼脂 2g,自然 pH。

②马铃薯培养基(PDA):马铃薯 200g 制成马铃薯汁(制备过程参考实验 2),葡萄糖

20g,琼脂 15～20g,加水至 1000mL,自然 pH。

③麦芽汁培养基:将发酵啤酒的原料加琼脂至 18g/L 溶化后分装,自然 pH。

121℃灭菌 20～25min。以上三种试管斜面培养基,可任选一种使用。

(2)三角瓶培养基(250mL):

①麸皮 80g,面粉(或小麦粉)20g,水 80mL,自然 pH。

②豆粕粉 10g,麸皮 90g,水 110mL,自然 pH。

③发酵培养基:麸皮 40g,酵母粉 4.4g,乳糖 4.4g,水 40mL,自然 pH。

装料厚度:1cm 左右。121℃灭菌 20～25min。以上三种试管斜面培养基,可任选一种使用。

3. 器皿和仪器

恒温培养箱或固态培养室,负压式超净工作台,水浴锅,试管,三角瓶,纱布,培养皿,煮锅,砧板,刀,显微镜,分光光度计,电子天平,恒温培养箱,烘箱,恒温振荡培养器,微量移液器,高压蒸汽灭菌锅,电磁炉。

四、操作步骤

1. 米曲霉的发酵

(1)培养基的配制:按培养基配制方法配制 250mL 及 500mL 三角瓶培养基(500mL 加倍)。

(2)接种:无菌条件下用生理盐水洗下斜面菌种上的菌丝及孢子,并接种于三角瓶培养基中。

(3)培养:将三角瓶置于 28～30℃环境中,培养 20h,待菌丝布满培养基后,摇瓶,使培养基松散。

(4)扩培及摇瓶:将 250mL 三角瓶培养基转接入 500mL 三角瓶中,28～30℃培养 20h。进行第一次摇瓶,使培养基松散;以后每隔 8h 检查一次并摇瓶。培养时间一般为48～70h。

2. 米曲霉蛋白酶活力的测定

(1)试剂及溶液的配制:(以下试剂都为分析纯)

①Folin-酚试剂:于 2000mL 磨口回流装置内,加入钨酸钠($Na_2WO_4 \cdot 2H_2O$)100g,钼酸钠($Na_2MoO_4 \cdot 2H_2O$)25g,蒸馏水 700mL,85% 磷酸 50mL,浓盐酸 100mL,文火回流 10h。取走冷凝器,加入硫酸锂(Li_2SO_4)50g,蒸馏水 50mL,混匀,加入几滴液体溴,再煮沸 15min 以驱逐残溴及除去颜色,溶液应呈黄色而非绿色。若溶液仍有绿色,需要再加几滴溴,再煮沸除去之。冷却后,定容至 1000mL,用细菌漏斗(4 号或 5 号)过滤,置于棕色瓶中保存。此溶液使用时加 2 倍蒸馏水稀释。

②0.4mol/L 碳酸钠溶液:称取无水碳酸钠(Na_2CO_3)42.4g,定容至 1000mL。

③0.4mol/L 三氯乙酸(TCA)溶液:称取三氯乙酸(CCl_3COOH)65.4g,定容至 1000mL。

④pH7.2 磷酸盐缓冲液:称取磷酸二氢钠($NaH_2PO_4 \cdot 2H_2O$)31.2g,定容至 1000mL,即成 0.2mol 溶液(A 液)。称取磷酸氢二钠($Na_2HPO_4 \cdot 12H_2O$)71.63g,定容至 1000mL,即成 0.2mol 溶液(B 液)。

取 A 液 28mL 和 B 液 72mL,再加 1 倍蒸馏水稀释,即成 0.1mol pH7.2 的磷酸盐缓冲液。

⑤2%酪蛋白溶液:准确称取干酪素 2g,加入 0.1mol/L 氢氧化钠 10mL,在水浴中加热使其溶解(必要时用小火加热煮沸),然后用 pH7.2 磷酸盐缓冲液定容至 100mL 即成。配制后应及时使用或放入冰箱内保存,否则极易繁殖细菌,发生变质。

⑥100μg/mL 酪氨酸溶液:精确称取在 105℃烘箱中烘至恒重的酪氨酸 0.1g,逐步加入 6mL 1mol/L 盐酸使溶解,用 0.2mol/L 盐酸溶液定容至 100mL,其浓度为 1000μg/mL,再吸取此液 10mL,以 0.2mol/L 盐酸溶液定容至 100mL,即配成 100μg/mL 的酪氨酸溶液。此溶液配成后应及时使用或放入冰箱内保存,以免繁殖细菌而变质。

(2)样品稀释液:称取充分研细的成曲 5g,加入蒸馏水至 100mL,40℃水浴间断搅拌 60min,使其充分溶解。然后过滤,吸取滤液 1mL,用适当的 0.1mol pH7.2 磷酸盐缓冲液稀释一定的倍数(如 10 倍、20 倍或 30 倍,依酶的活力而定)。另外取 5g 成曲烘干,算出样品水分的百分含量。

(3)标准曲线绘制

①取试管 6 支,编号,按表 14-1 加入试剂,制备一定浓度的酪氨酸标准溶液,单位为 mL。

表 14-1　酪氨酸标准曲线的制备

管号	酪氨酸标准溶液的浓度/(μg·mL^{-1})	100μg/mL 酪氨酸标准溶液的体积/mL	加水的体积/mL
0	0	0	10
1	2	0.2	9.8
2	4	0.4	9.6
3	6	0.6	9.4
4	8	0.8	9.2
5	10	1	9

②另取 6 支试管,加入不同浓度的酪氨酸 1mL,各加入 0.4mol/L 碳酸钠 5mL,再各加入已稀释的 Folin-酚试剂 1mL,摇匀,置 40℃恒温水浴中显色 20min。

③用分光光度计在波长 660nm 处测定 OD 值。一般平行测三次,取平均值。

④以光吸收值为纵坐标,以酪氨酸的浓度为横坐标,绘制标准曲线。

(4)样品测定

①取试管 3 支,编号 1,2,3,每管内加入样品稀释液 1mL,置于 40℃水浴中预热 2min,再各加入经同样预热的 2%的酪蛋白溶液 1mL,精确保温 10min,时间到后,立即再各加入 0.4mol/L 三氯乙酸 2mL 以终止反应,继续置于水浴中保温 20min,使残余蛋白质沉淀后离心或过滤。然后另取试管 3 支,编号 1,2,3,每管内吸上清液 1mL,再加 0.4mol/L 碳酸钠 5mL,已稀释的 Folin-酚试剂 1mL,摇匀,40℃保温发色 20min 后进行测定 OD 值。

②空白试验也取试管 3 支,编号(1)、(2)、(3),测定方法同上,在加酪蛋白前先加 0.4mol 三氯乙酸 2mL,使酶失活,再加入酪蛋白。具体按表 14-2 加样。

表 14-2　样品蛋白酶活力的测定

样品蛋白酶活力的测定				空白实验			
编号	1	2	3	试剂	(1)	(2)	(3)
样品稀释液/mL	1	1	1	样品稀释液/mL	1	1	1
40℃水浴 2min				40℃水浴 2min			
2％酪蛋白/mL	1	1	1	0.4mol/L 三氯乙酸/mL	2	2	2
40℃水浴 10min(精确计时)				40℃水浴 10min(精确计时)			
0.4mol/L 三氯乙酸/mL	2	2	2	2％酪蛋白/mL	1	1	1
40℃水浴 20min 后过滤吸上清液				40℃水浴 20min 后过滤吸上清液			
吸上清/mL	1	1	1	吸上清/mL	1	1	1
0.4mol/L Na$_2$CO$_3$/mL	5	5	5	0.4mol/L Na$_2$CO$_3$/mL	5	5	5
Folin-酚试剂/mL	1	1	1	Folin-酚试剂/mL	1	1	1
摇匀,40℃水浴 20min 后测 660nm 处的 OD 值				摇匀,40℃水浴 20min 后测 660nm 处的 OD 值			

$$\text{样品的平均光密度(OD)}-\text{空白的平均光密度(OD)}=\text{净 OD 值} \tag{14-1}$$

(5)结果计算:在 40℃下,每分钟水解酪蛋白产生 1μg 酪氨酸,定义为一个酶活力单位。

$$\text{样品蛋白酶活力单位(干基)}=\frac{A}{10}\times 4\times n\times\frac{1}{1-w} \tag{14-2}$$

式中:A 为由样品测定 OD 值,查标准曲线得相当的酪氨酸微克数;

　　 4 为 4mL 反应液取出 1mL 测定(即 4 倍);

　　 n 为酶液稀释倍数;

　　 10 为反应 10min;

　　 w 为样品水分百分含量。

五、实验报告

1. 实验结果

将数据记录在表 14-3 中,绘制标准曲线,计算两种培养基米曲霉培养过程中产生的蛋白酶活力单位。

表 14-3　数据记录

管号	酪氨酸标准溶液的浓度/$(\mu g \cdot mL^{-1})$	OD 值
0	0	
1	2	
2	4	
3	6	
4	8	
5	10	
样品 1		
样品 2		
样品 3		

2. 思考题

哪些因素可能影响米曲霉固态发酵生产蛋白酶的产量？

六、实验拓展

比较两种培养基的米曲霉培养物的蛋白酶的活性的高低。

（陈少云）

实验 15　香菇多糖的粗提取及提取率测定

一、目的要求

1. 掌握多糖含量的测定方法；
2. 熟悉香菇多糖的粗提取方法。

二、基本原理

　　食用真菌是人类在长期的实践活动中认识得最早，但并未充分利用的一类微生物。因其具有种类繁多、分布广泛、营养成分丰富、药用保健价值高等优点，已成为国内外学者研究的热点。有些食用菌中具有抗癌和增强癌症患者抵抗力的生理活性物质，即食用菌多糖，食用菌多糖的生理功能、化学结构以及构效关系正成为多糖研究的前沿阵地，取得了很大进展，其中香菇多糖是研究得比较多的一类食用菌多糖。

　　香菇（*Lentinus edodes*）（图 15-1）为担子菌亚门，担子菌纲，伞菌目，口蘑科，香菇属真菌，因其口味鲜美、香味浓郁、营养丰富、有显著的药用及滋补作用而被誉为"蘑菇皇后""抗癌新兵""菌中之秀""诸菌之冠，蔬菜之魁"，它的学名很多，有香蕈、冬菇、花菇、香草、香信等。常食香菇有降低胆固醇、防止血管硬化、增强人体免疫功能和防治癌症的作用。香菇多糖（lentinan，LNT）是一种天然人体免疫调节剂，具有抗肿瘤、抗感染和调节免疫力等作用。

图 15-1　培养中的香菇及成熟的香菇

　　香菇多糖是从香菇子实体中提取的有效活性成分，具有显著的免疫调节活性和抗肿瘤活性。其活性成分是具有分支的 β-(1→3)-D-葡聚糖，主链由 β-(1→3)-糖苷键连接的葡萄糖

基组成,沿主链随机分布着由 β-(1→6)-糖苷键连接的葡萄糖基,呈梳状结构。香菇多糖大多为酸性多糖,溶于水、稀碱,尤其易溶于热水,常用热水浸提法进行提取。

传统香菇多糖的提取方法有水提醇沉法、稀碱浸提法、稀酸浸提法和酶法等,随着对香菇研究的不断深入,又出现超滤法、微波辅助浸提法以及超声波法等。水提醇沉法为最经典的提取香菇多糖的方法,以工艺简单、易于推广等优点为人们所接受。随着香菇的广泛应用,又出现了一些新的提取方法,使人们对香菇的研究也迈出了一大步,逐渐出现了多种辅助提取方法,如用热水浸提结合超声波辅助方法提取香菇中的香菇多糖,用超声提取、超滤分离香菇多糖。用超声提取、超滤分离香菇多糖,超声提取能提高香菇多糖的提取率,缩短提取时间,减少料液比和降低提取液的黏度,而提取液黏度的降低有利于超滤分离,降低浓差极化的影响,提高处理量。该类方法具有高回收率、高选择性、快速加热、易控温、设备尺寸小、无污染能源的利用、废物及产品污染少等一系列优点。同时该方法提取香菇多糖的操作简单,而且可利用补充浸提液体积与碱液相结合的方法提高多糖的得率,已经成为香菇多糖生产的一个实际可行的新颖方法。

多糖在硫酸的作用下,先水解成单糖,再迅速脱水生成糖醛衍生物,与苯酚反应生成橙黄色溶液,在 490nm 处有特征吸收。多糖检测多用该类方法,如用苯酚-硫酸法测定杂多糖含量,此法测定结果真实、准确,适用于测定杂多糖的总糖含量;用苯酚-硫酸法测定灵芝、香菇、黄芪、枸杞提取物中多糖的含量,检测结果稳定。用蒽酮-硫酸法测定香菇中的活性多糖,其反应条件对多糖检测也具有影响,如沸水浴时间、乙醇浓度、硫酸体积等对葡萄糖含量测定具有影响。本实验也主要用蒽酮-硫酸法来检测香菇多糖含量。

本实验整体工艺流程如图 15-2 所示。

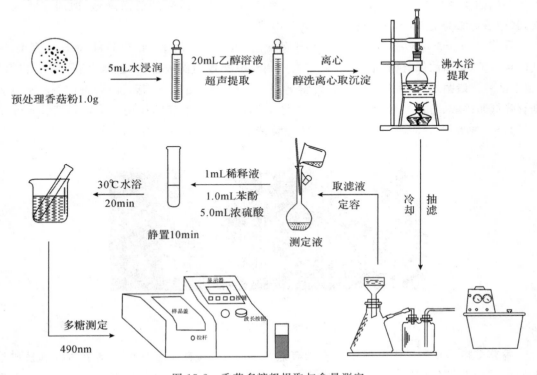

图 15-2　香菇多糖粗提取与含量测定

本实验的主要目的是认识和掌握香菇多糖提取工艺和多糖检测方法,使学生对多糖提取和检测有一个直观的认识。

三、实验器材

1. 实验材料

市售干香菇;葡萄糖(化学纯),苯酚(化学纯),浓硫酸(化学纯),无水乙醇(化学纯)等。

80％($W:V$)苯酚溶液:称取 80g 苯酚分装于 100mL 烧杯中,加适量的去离子水溶解,后移至 100mL 容量瓶,加去离子水定容至 100mL 后转至棕色瓶中,置于 4℃冰箱中避光贮存。

5％($W:V$)苯酚溶液:吸取 5mL 80％的苯酚溶液,溶于 75mL 去离子水中,混匀,现用现配。

100mg/L 标准葡萄糖溶液:用位天平准确称取 0.100g 葡萄糖于 100mL 烧杯中,加适量的去离子水溶解,后移至 1000mL 容量瓶,加去离子水定容至 1000mL,置于 4℃冰箱中贮存。

80％的乙醇溶液:100mL 量筒量取 80mL 无水乙醇,加去离子水定容至 100mL,加入瓶中保存。

2. 器皿和仪器

紫外可见分光光度计,恒温水浴锅,粉碎机,离心机,恒温干燥箱,涡旋振荡器,超声提取器,真空泵,布氏漏斗,抽滤瓶,滤纸,20mL、50mL 具塞试管,200mL 圆底烧瓶,磨口空气冷凝器,100mL 容量瓶,大小不等的烧杯。

四、操作步骤

(一)香菇多糖的粗提取

1. 香菇的预处理

将市售香菇放置于烘箱,70℃烘至恒重,后将干香菇用粉碎机粉碎,粉碎后过 60 目筛子,筛出物与蒸馏水以 1∶35($W:V$)的比例混合,温度控制在 10℃,浸泡 20min 后,离心机 4000r/min 离心 10min,取沉淀物,置于 70℃恒温箱中干燥,烘干至恒重后研磨成粉末用于后续提取香菇多糖。

2. 乙醇沉淀

用天平准确称取 1.000g 预处理后的香菇粉(一式四份),置于 50mL 具塞试管内,用 5mL 蒸馏水浸润后,缓慢加入 20mL 无水乙醇,同时用涡旋振荡器振摇,使固液混合均匀,然后置于超声提取器中提取 30min(功率可自行设置,观察不同功率下的提取效果),高速离心机 4000r/min 离心 10min,得到的沉淀物再用 10mL(80％)乙醇溶液洗涤两次,然后高速离心机 4000r/min 离心 5min,取其沉淀备用。

3. 沸水浴提取

将上述乙醇沉淀得到的物质转入 200mL 圆底烧瓶，加入 50mL 蒸馏水，在圆底烧瓶上方装上磨口空气冷凝器（用于蒸汽冷凝，防止液体损耗），于沸水浴（100℃）中提取 2h，冷却至室温，抽滤。滤液分为四份。

4. 乙醇再沉淀

将上述得到的两份滤液分别用旋转蒸发仪 70℃ 浓缩至 20mL，后加入无水乙醇，至乙醇浓度达到 70%，醇析 1h，后高速离心机 4000r/min 离心 10min，得到的沉淀再用 10mL（80%）乙醇溶液洗涤两次，后高速离心机 4000r/min 离心 5min，得其沉淀，置于 70℃ 恒温箱中干燥，烘干至恒重（此时沉淀质量为 m_1）。

5. 结果计算

$$粗多糖提取率 = (m_1/1.0) \times 100\% \tag{15-1}$$

(二)香菇多糖的含量测定

1. 沉淀溶解

将上述步骤 3 中得到的另外两份滤液转至 100mL 容量瓶，残渣再用少量蒸馏水（10mL 左右）洗涤 2~3 次，洗涤液转入 100mL 容量瓶中，加蒸馏水定容至 100mL。此溶液即为测定液。

2. 标准曲线的绘制

分别吸取 0,0.2,0.4,0.6,0.8,1.0mL 的标准葡萄糖溶液，置于 20mL 具塞试管中，用蒸馏水补至 1.0mL。向试管中加入 1.0mL 5% 苯酚溶液，然后快速加入 5.0mL 浓硫酸（与液面垂直加入，勿接触试管壁，以便与反应液充分混合），静置 10min。使用涡旋振荡器使反应液充分混合，然后将试管放置于 30℃ 水浴中反应 20min，490nm 测吸光度 OD_{490}。以葡萄糖质量浓度为横坐标，吸光度值为纵坐标，绘制标准曲线。

3. 样品测定

取 1.0mL 测定液，稀释 n 倍，后取 1mL 稀释液至 20mL 具塞试管中，向试管中加入 1.0mL 5% 苯酚溶液，然后快速加入 5.0mL 浓硫酸（与液面垂直加入，勿接触试管壁，以便与反应液充分混合），静置 10min。用涡旋振荡器使反应液充分混合，然后将试管放置于 30℃ 水浴中反应 20min，490nm 测吸光度 OD_{490}。

4. 结果计算

样品中多糖的提取率以质量分数 w 计，计算公式如下：

$$w = \frac{c \times V \times n}{m} \times 0.9 \times 10^{-3} \times 100\% \tag{15-2}$$

式中：c 为从标准曲线上查得稀释后测定液中的糖浓度，mg/L；

V 为多糖测定液的体积，单位为 L；

n 为稀释倍数；

m 为预处理后香菇样品的质量，单位为 g；

0.9 为葡萄糖换算成葡聚糖的校正系数。

5. 计算提取多糖纯度

$$提取多糖纯度 = 粗多糖提取率/w \times 100\% \tag{15-3}$$

五、实验报告

1. 实验结果

将实验结果记录在表 15-1 中。

表 15-1　多糖提取结果

序号	粗多糖提取率/%	多糖提取率/%	提取多糖纯度/%
1			
2			
平均			

2. 思考题

(1)为什么葡萄糖换算成葡聚糖的校正系数为 0.9？

(2)除沸水浴浸提法外,香菇多糖的提取还有哪些方法？

六、实验拓展

香菇多糖的提取率可能受到哪些因素的影响？试设计实验,证明你的猜想,并确定最佳提取条件,提高提取率。

(付永前)

实验 16　黑曲霉固体发酵法生产柠檬酸

一、目的要求

1. 掌握发酵产物中柠檬酸的提取方法；
2. 熟悉钙盐法提取柠檬酸的原理；
3. 了解固体发酵的方法。

二、基本原理

柠檬酸(citric acid)又称枸橼酸(学名：2-羟基-丙烷三羧酸,分子式 $C_6H_8O_7$,相对分子量为 192.13),无水柠檬酸是无色半透明全对称晶体。柠檬酸在化工、医药、食品等方面有广泛的用途。

1893 年以前,主要从柑橘、菠萝和柠檬等果实中提取柠檬酸。1893 年以后发现微生物可产生柠檬酸,1951 年美国 Miles 公司首先采用深层发酵法生产柠檬酸。我国在 20 世纪 40 年代初期开始采用浅盘发酵生产柠檬酸,60 年代开始采用深发酵柠檬酸。

能够产生柠檬酸的微生物很多,目前国内主要利用黑曲霉(*Aspergillus niger*)通过固体发酵或液体深层发酵生产柠檬酸。在固体培养基上,菌落由白色逐渐变至棕色。孢子区域为黑色,菌落呈绒毛状,边缘不整齐。菌丝有隔膜和分枝,是多细胞的菌丝体,无色或有色,有足细胞,顶囊生成一层或两层小梗,小梗顶端产生一串串分生孢子。黑曲霉生长最适 pH 值因菌种而异,一般为 3~7;产酸最适 pH 值为 1.8~2.5。生长最适温度为 33~37℃,产酸最适温度在 28~37℃,温度过高易形成杂酸。黑曲霉以无性生殖的形式繁殖,具有多种活力较强的酶系,能利用淀粉类物质,并且对蛋白质、单宁、纤维素、果胶等具有一定的分解能力。黑曲霉能以边长菌、边糖化、边发酵产酸的方式生产柠檬酸。

关于柠檬酸发酵的机制虽有多种理论,但目前大多数学者认为它与三羧酸循环有密切的关系。糖经糖酵解途径(EMP 途径),形成丙酮酸,丙酮酸由丙酮酸氧化酶氧化生成乙酸和 CO_2,继而经乙酰磷酸形成乙酰辅酶 A,然后在柠檬酸合成酶的作用下乙酰辅酶 A 和草酰乙酸合成柠檬酸。产生的柠檬酸经碳酸钙作用形成柠檬酸钙沉淀,再经稀硫酸作用释放出柠檬酸。

从柠檬酸发酵液中提取柠檬酸的方法主要有：钙盐-离子交换法、溶剂萃取法、"吸交"法、离子色谱法等。目前国外生产主要采用溶剂萃取法和钙盐-离子交换法；国内生产主要采用钙盐-离子交换法。钙盐-离子交换法首先采用过滤或超滤除去菌丝等不溶残渣,然后在澄清过滤液中加入碳酸钙(或氢氧化钙)发生中和反应,生成难溶性的柠檬酸钙沉淀。利用在 80～90℃热水下柠檬酸钙的溶解度极低的特性,通过过滤(或离心)将它与可溶性的糖、蛋白质、氨基酸、其他有机酸、无机离子等杂质分离开。为了获得较净的柠檬酸钙,需用 80～90℃热水反复洗涤,以去除其表面的残糖和其他可溶性杂质。经过滤(或离心)获得较纯净的柠檬酸钙。然后在洗净的柠檬酸钙中,缓慢地加入稀硫酸进行酸解反应,生成柠檬酸和硫酸钙沉淀,经过滤(或离心)除去硫酸钙沉淀,获得粗制的柠檬酸。其主要的反应式为:

$$2C_6H_8O_7 + 3CaCO_3 \longrightarrow Ca_3(C_6H_5O_7)_2 \cdot 4H_2O \downarrow + 3CO_3 \tag{16-1}$$

$$Ca_3(C_6H_5O_7)_2 \cdot 4H_2O + 3H_2SO_4 + 4H_2O \longrightarrow 2C_6H_8O_7 \cdot H_2O + 3CaSO_4 \cdot 2H_2O \tag{16-2}$$

以薯干粉或玉米粉为原料的黑曲霉柠檬酸发酵液,除了含有大量柠檬酸外,还有大量的菌体,少量没有被黑曲霉利用的残糖、蛋白质、脂肪、胶体化合物及无机盐类等。柠檬酸提取就是从成分如此复杂的发酵液中分离提纯并获得符合《药典》标准的柠檬酸。

柠檬酸发酵是典型的好氧发酵。本实验以马铃薯(或玉米粉)为原料,利用黑曲霉经固体发酵产生柠檬酸。通过菌种活化、孢子培养、种子扩大培养、薯干粉/玉米粉固体发酵等一系列工艺过程,以及对发酵液预处理、分离提取、制备柠檬酸,使学生掌握固体柠檬酸发酵提取整个工艺过程涉及的理论知识和发酵工程实验操作技能。

三、实验器材

1. 实验材料

黑曲霉,活性炭,0.1429mol/L 的 NaOH 标准溶液,Ca(OH)$_2$(分析纯)或 CaCO$_3$(分析纯),浓 H$_2$SO$_4$,酚酞指示剂。

查氏培养基:蔗糖 30g,KNO$_3$ 1g,K$_2$HPO$_4$ 1g,MgSO$_4$ · 7H$_2$O 0.5g,KCl 0.5g,FeSO$_4$ · 7H$_2$O 0.01g,pH7.0～7.2,加水定容至 1000mL。

一级种子培养基:含麸皮(10%)的查氏培养基。

二级种曲培养基:麸皮 30g,米糠 12g,水 30mL,pH 5.0,装入 500mL 三角瓶中,塞上 8 层纱布。

发酵培养基:红薯 800g(捣碎),麸皮 80g,米糠 80g,拌均匀后装入大搪瓷缸,或玉米面 400g,麸皮 50g,水 200mL,拌均匀,装入大搪瓷缸。

上述 3 种培养基经高压蒸汽灭菌(121℃,30min)后备用。

2. 器皿和仪器

恒温培养箱,振荡器,离心机,恒温水浴,水循环式真空抽滤装置,减压旋转蒸发装置,量筒,烧杯,布氏漏斗,pH 试纸,2000mL 大烧瓶,100mL 锥形瓶,10mL 试管等。

四、操作步骤

1. 种子制备

(1)一级种子(斜面菌种)的制备:用接种环挑取冰箱中保藏的菌种,接种于一级种子培养基斜面上,于28℃恒温培养箱中培养3～5d,待长成大量黑色孢子后即成为一级种子。

(2)孢子悬液的制备:在一级种子斜面菌种管中加入10mL无菌水,用接种环搅起黑曲霉孢子,在振荡器上振荡2min,制成均匀的孢子悬液(整个过程需无菌操作)。

(3)二级种曲(三角瓶菌种)的制备:吸取孢子悬液10mL于装有种子培养基的三角瓶中,然后用纱布扎好瓶口,并在掌心轻轻拍三角瓶,使孢子培养基充分混合,于28℃恒温培养箱培养1d后,再次拍匀三角瓶内培养物,继续培养3～4d即成"种曲"。

2. 发酵培养

(1)接种与摊盘:将灭过菌的发酵培养基倒在灭过菌的搪瓷盘中,约1～2cm厚,待培养基冷却至30℃左右时均匀拌入1%种曲,在培养基上覆盖2层灭过菌的纱布。

(2)发酵培养:摊盘之后,将搪瓷盘放到恒温培养箱中,并在培养箱中放置一个内有清水的小搪瓷盘,以保持培养箱中的湿度,30℃培养24h后翻曲一次,并将培养箱温度调至28℃,继续发酵4～5d。

3. 提取实验准备

(1)活性炭预处理:将两层滤纸放置在布氏漏斗上,浸湿,称取10～15g粉末状活性炭装入漏斗上,上层垫2层滤纸,先用1mol/L NaOH溶液处理,待下部出口流出液pH值为14后,用水洗至pH值为8左右,再用1mol/L HCL溶液处理,待下部出口流出液pH为1后,用水洗至pH＞4时备用。

(2)0.1429mol/L NaOH标准溶液的标定:精确称取干燥的邻苯二甲酸氢钾0.4～0.6g于三只250mL锥形瓶中,以去离子水50mL溶解,加酚酞指示剂2～3滴,用配好的0.1429mol/L NaOH溶液滴定至出现粉红色,0.5min不褪色即为终点,记下读数V,按式(16-3)计算摩尔浓度。

$$c = \frac{m/M_r \times 1000}{V} \tag{16-3}$$

式中:c 为NaOH浓度;

　　m 为称取的基准物质量,单位为g;

　　M_r 为基准物的相对分子质量204.2;

　　V 为消耗的NaOH体积,单位为mL。

4. 提取实验流程

发酵物加300mL水 → 浸泡1h → 2层纱布过滤 → 煮沸10min → 离心(2500r/min,10min)→在80℃水浴中,上清液加氢氧化钙出现不溶沉淀(pH值为7.0左右)→过滤沉淀→滤液调pH至7.0左右,糊状沉淀用80℃水洗涤3～4次放入干净的烧杯,放入2倍沉淀体积的水,加热到85℃保温,再加入硫酸,酸解(pH1.8左右)→离心10min→活性炭柱脱色(自制装置)→滤液减压蒸馏浓缩10倍→程序降温结晶(在60℃水浴中每30min下降5℃)

→柠檬酸结晶。

5. 柠檬酸提取

（1）柠檬酸提取：发酵结束后，将发酵物倒入一个大烧杯中，加入蒸馏水，搅拌，浸泡 1h，用 2 层纱布过滤，将滤液加热到 100℃ 处理 10min，离心（3000r/min,10min），以除去蛋白质、酶、菌体、孢子等其他杂质。向清液中加入碳酸钙进行中和（每 100g 柠檬酸需加入 71.4g 碳酸钙，一定要控制好终点，过量的碳酸钙会造成胶体等其他杂质沉淀而影响质量）。继续加热到 90℃，反应 30min，中和终点用 NaOH 滴定，此时柠檬酸呈钙盐析出。

注意：为加快反应可以将氢氧化钙替换成碳酸钙。

（2）酸解：将柠檬酸钙加水搅成糊状，在不断搅拌下，将硫酸缓慢加入，用量为碳酸钙的 85%～90%（pH1.8），酸解的温度必须控制在 80℃ 以上。当加入足够量的硫酸时，柠檬酸就会游离出来。3000r/min 离心 10min，收集上清液。

注意：浓硫酸沿烧杯壁缓慢加入柠檬酸钙混悬液这步，反应需要时间，务必耐心地一边搅拌一边测 pH 值变化，直到反应完后 pH 值稳定在 1.8 左右。

（3）脱色和去除各种阳离子：用活性炭进行脱色，用阳离子树脂去除各种阳离子，当流出液 pH 值为 4 时，表示有柠檬酸流出，开始收集。

（4）柠檬酸含量测定：精确吸取 1mL 所收集的 2 层纱布过滤液，加入 100mL 三角瓶中，再加适量的去离子水，加 2～3 滴酚酞 0.1% 指示剂。用 0.1429mol/L NaOH 进行滴定，滴定至微红色，用去的 NaOH 溶液体积，即为柠檬酸的百分含量（每消耗 1mL NaOH 溶液为 1% 的酸度）。

注意：首先根据酸度测定计算柠檬酸的质量，并换算成摩尔数，再根据方程式计算需要碳酸钙摩尔数，并换算成质量，然后根据方程计算浓硫酸摩尔数，最后按质量体积比计算浓硫酸的毫升数。

五、实验报告

1. 实验结果

本实验提取操作会出现各种损失，务必注意理论得率和实际收率之间的变化，请根据实验结果填写表 16-1。

表 16-1　黑曲霉发酵总酸含量的测定

发酵滤液 /mL	碳酸钙的 用量/g	浓硫酸的 加入量/mL	柠檬酸（总酸） 含量/%	柠檬酸 得率/%

2. 思考题

（1）简述钙盐法提取柠檬酸的原理。

（2）钙盐法提取柠檬酸实验过程中如何减少损失，提高柠檬酸得率？

（3）简述黑曲霉固体发酵柠檬酸的机制。

六、实验拓展

　　黑曲霉固体发酵柠檬酸是典型的好氧有机酸发酵,请查阅相关资料,列出黑曲霉液体深层发酵柠檬酸的工艺要点。

(葛立军)

实验17 单细胞蛋白的发酵生产过程控制

一、目的要求

1. 掌握菌种活化的方法；
2. 掌握液体发酵过程的接种方法；
3. 掌握液体恒温振荡培养器的使用方法；
4. 掌握发酵液中残余还原糖含量测定的方法；
5. 学习发酵产物初步分离及产物测定的方法。

二、基本原理

单细胞蛋白(single cell protein,SCP)是从酵母或细菌等微生物菌体中获取的蛋白质。微生物细胞中含有丰富的蛋白质,例如酵母菌蛋白质含量占细胞干物质的45%~55%;细菌蛋白质含量占干物质的60%~80%;霉菌蛋白质含量占干物质的30%~50%;单细胞藻类如小球藻等的蛋白质含量占干物质的55%~60%,而作物中含蛋白质含量最高的是大豆,其含量也不过是35%~40%。单细胞蛋白的氨基酸组成不亚于动物蛋白质,如酵母菌体蛋白,其营养十分丰富,人体必需的8种氨基酸,除蛋氨酸外,它具备7种,故有"人造肉"之称。一般成人每天吃干酵母10~15g,蛋白质就足够了。微生物细胞中除含有蛋白质外,还含有丰富的碳水化合物以及脂类、维生素、矿物质,因此单细胞蛋白营养价值很高。

产朊假丝酵母(*Candida utilis*)又叫产朊圆酵母或食用圆酵母。其蛋白质和维生素B的含量都比啤酒酵母高,它能以尿素和硝酸作为氮源,在培养基中不需要加入任何生长因子即可生长。它能利用五碳糖和六碳糖(既能利用造纸工业的亚硫酸废液,又能利用糖蜜、木材水解液等)生产出人畜可食用的蛋白质。

本实验以产朊假丝酵母为菌种来生产单细胞蛋白。实验室保存的产朊假丝酵母经过菌种活化、摇瓶培养、离心分离得到酵母细胞,即为单细胞蛋白。该过程中要用到试管斜面培养基和摇瓶培养基。

酵母菌的培养通常用麦芽汁培养基、豆芽汁培养基、酵母膏胨葡萄糖培养基(yeast extract peptone dextrose medium,YPD培养基)。本实验就采用YPD培养基用于酵母菌的发酵培养。

使用前要将实验室长期冷藏的菌种转接到新鲜的试管斜面上,在适当温度下培养,让菌

种由休眠状态转化为生长活跃的状态,即为菌种的活化。活化可缩短扩大培养时的迟滞期,减少污染的发生,缩短发酵周期。

摇瓶培养技术问世于 20 世纪 30 年代,由于其简便、实用,很快便发展为微生物培养中极重要的一种技术,并广泛用于工业微生物菌种筛选、实验室液体发酵工艺优化、菌种扩大培养或生理、代谢的研究。

摇瓶培养设备根据加热介质不同可分为水浴摇床和气浴摇床两种。水浴摇床在使用过程中要留意水量的变化并适时补充水分,避免因水分蒸发导致液面过低,但一次性加水不能过多,否则在振荡时容易打湿包裹摇瓶口的纱布或棉塞。气浴摇床是以空气为介质来保持恒温培养,由于空气比热相对较小,这种摇床在使用时必须盖上盖子以保持摇床内气温的相对恒定,摇床侧壁装有通风装置,可以实现与外界的气体交换。气浴摇床一般还装有照明装置,可以提供适当的光照条件。

按振荡时运动的方式可分为旋转式摇床和往复式摇床两种类型,也有旋转式和往复式的混合类型,其中以旋转式最为常用。振荡培养中所使用的发酵容器通常为三角烧瓶,也有使用特殊类型的烧瓶或试管。振荡培养通常用于好氧性发酵过程,主要有两种类型:①供氧量相对较大,以产生大量的细胞,常见于丝状微生物(如食用菌、放线菌)的培养;②需供氧但所需供氧量较小,常见于细菌。要获得高氧供应,可在较大的三角瓶(250~500mL 三角烧瓶)中盛装相对较小容积的培养基,由此可获得更高的氧气传递速率,便于细胞的迅速生长。要获得较低的供氧量,则采用较慢的振荡速度和相对较大的装液量。经连续振荡培养一段时间后,细菌等单细胞微生物可以呈均一的细胞悬液;而丝状真菌和放线菌,可得到纤维糊状培养物——纸浆状生长。如果振荡不足,则会形成许多球状菌团——颗粒状生长。

振荡培养过程中应注意两个问题,一是温度控制,应综合考虑电机和机械传动部分的产热、振荡产热、微生物生长代谢释放的热能及外界气温等多种因素的影响;二是维持连续振荡,振荡不连续进行,哪怕只是数分钟的停顿,对结果的影响都可能是极显著的。

振荡培养过程中,必须定期测定培养过程中的各种参数。通过观察或测量浊度、培养液中细胞沉积情况或通过过滤、干燥和称重判断细胞生长情况。此外,培养液的 pH、残糖、色质、表现和气味的变化也应随时记录;用显微镜检测菌丝末端状态、分枝情况、絮凝体形成及污染情况,对于掌握培养物的培养状况也是重要的。

发酵液中残余还原糖(简称残糖)的含量测定采用 3,5-二硝基水杨酸法。3,5-二硝基水杨酸(DNS)与还原糖共热后被还原生成氨基化合物。在过量的 NaOH 碱性溶液中此化合物呈橘红色,在 540nm 波长处有最大吸光度,在一定的浓度范围内,还原糖的量与光吸收值呈线性关系,利用比色法可测定样品中的含糖量。

发酵结束后,离心分离,弃去上清液后即得酵母细胞。

三、实验器材

1. 实验材料

产朊假丝酵母,葡萄糖,麦芽糖,酵母粉或酵母膏,蛋白胨,琼脂,KH_2PO_4,Na_2HPO_4。

2. 培养基

YPD 培养基:1% 酵母膏或酵母粉,2% 蛋白胨,2% 葡萄糖,2% 琼脂。

改良 YPD 培养基:1% 酵母膏或酵母粉,2% 蛋白胨,1% 麦芽糖,2% 葡萄糖,0.07% KH_2PO_4,0.03% Na_2HPO_4。

3. 器皿和仪器

15mL 硬质玻璃试管,烧杯,漏斗架,玻璃漏斗,橡胶管,止水夹,透气橡胶塞,250mL 三角瓶,白纱布,封口膜,牛皮纸,棉绳,高压蒸汽灭菌锅,量筒,电炉等。恒温摇床,无菌操作台,酒精灯,火柴,75% 乙醇,镊子,脱脂棉,接种环,恒温培养箱,烧杯等。离心机及配套离心管,分光光度计,比色管,电炉,烧杯,具塞刻度试管,1mL、5mL、10mL 移液管。

四、操作步骤

1. 培养基及试剂的制备

(1)培养基的制备

按配方制作 YPD 斜面培养基作为产朊假丝酵母菌种活化培养基。

制作改良后的 YPD 培养基作为摇瓶培养基。制作好后按要求分装三角瓶,装液量为 50mL、250mL 三角瓶,三角瓶瓶口用适当大小的 8 层纱布或封口膜包裹,最上层盖上牛皮纸,包扎。

制作好的斜面培养基和摇瓶培养基均采用高压蒸汽法进行灭菌,灭菌条件为 121℃灭菌 20min。灭菌结束后,摆好试管斜面,所有培养基收放妥当,以备下次试验使用。

注意:制备 YPD 斜面培养基时,应最后添加葡萄糖,因为葡萄糖存在时会影响琼脂的溶解。灭菌后应待培养基温度降低到 50℃左右时再摆斜面,若摆斜面时培养基温度过高,试管壁上出现大量水蒸气,影响斜面质量。

(2)试剂配制

0.5mg/mL 葡萄糖标准液:准确称取干燥至恒重的葡萄糖 0.5g,加少量水溶解后再加 3mL 12mol/L 浓盐酸(防止被微生物浸染,即配即用时可以不加),用容量瓶配制成 1000mL 葡萄糖标准溶液。

3,5-二硝基水杨酸(DNS)试剂:取 6.3g 3,5-二硝基水杨酸和 262mL 2mol/L NaOH 溶液加到酒石酸钾钠的热溶液中(192g 酒石酸钾钠溶于 500mL 水中),再加 5g 重蒸酚和 5g 亚硫酸钠,搅拌使其溶解,冷却后加水定容至 1000mL,保存于棕色瓶中。

2. 菌种的活化及摇瓶培养

(1)菌种活化:在无菌操作条件下,用接种环挑取冷藏斜面上的酵母菌种,接种于新鲜的 YPD 斜面上,接种时注意将带有菌种的接种环前端深入到新鲜斜面的底部,由斜面的最下面开始在斜面表面划折线直到斜面最上部,划线时注意不要将斜面划破。接种后置于 26℃ 恒温培养箱中培养 3d 左右,即为活化后的菌株,待用。

(2)摇瓶接种:接种操作前,把接种时需要的所有材料(菌种除外)置于无菌操作台,打开紫外灯和风机,进行 20~30min 的空间灭菌。空间灭菌完成后,关闭紫外灯,严格按照无菌操作的要求,用接种环挑取活化后的斜面菌种 2~3 环接入装有 YPD 液体培养基的三角瓶中。

(3)摇瓶培养：摇瓶接种后，把三角瓶置于24℃,150r/min 的恒温摇床中，培养72h。

3. 单细胞蛋白的分离及测定

(1)制备葡萄糖标准曲线：取6支试管，编号，然后按表17-1操作，添加各种试剂。

表 17-1　葡萄糖标准曲线的测定

试剂/mL	试管编号					
	1	2	3	4	5	6
500μg/mL 葡萄糖标准溶液	0	0.2	0.4	0.6	0.8	1.0
蒸馏水	1.0	0.8	0.6	0.4	0.2	0
DNS 试剂	1.0	1.0	1.0	1.0	1.0	1.0
加热	沸水浴 5min,取出冷却					
蒸馏水	8.0	8.0	8.0	8.0	8.0	8.0

将上述各试管溶液摇匀，以空白管（1号管）溶液调零，测定其他各管的 OD_{540} 值。以葡萄糖含量为横坐标、OD_{540} 值为纵坐标绘制葡萄糖标准曲线。

(2)酵母细胞和发酵液的分离：发酵混合物 5000r/min 离心处理 15min,上清液即为发酵液，轻轻倾倒出发酵液后，沉淀为酵母细胞。将发酵液合并后装入一个三角瓶中，备用。合并几个离心管中的酵母细胞，蒸馏水清洗两次，称量并记录其湿重，于 45℃烘箱中烘干至恒重，称量其干重。

(3)上清液中残糖含量测定：取上清液 0.5mL,加入 0.5mL 蒸馏水和 1.0mL DNS 试剂，沸水浴 5min,取出立即冷却，加入蒸馏水 8mL,摇匀。以作标准曲线时的 1 号管为对照，测定 OD_{540},通过标准曲线查出还原糖含量。测得的 OD 值应在 0.1～1.0,最好在 0.2～0.8,否则，应对提取液进行适当的稀释或浓缩。为提高实验准确性，实验至少应做两个平行样品。

五、实验报告

1. 实验结果

将实验结果记录在表 17-2 中。

表 17-2　实验结果记录

	时间/d					
	1	2	3	4	5	6
培养基的无菌检查						
产朊假丝酵母斜面菌种生长状况						
发酵液的外观特征						
发酵液中还原糖含量/(g·L^{-1})						
单细胞蛋白/(g·L^{-1})						

注：(1)观察自己制作的斜面培养基,记录斜面长度,观察试管壁有无水蒸气。判断所制作斜面是否符合要求,并进行相应的原因分析。

(2)观察放置 3～5d 后的培养基,判断有无杂菌生长,确定杀菌是否彻底。

(3)观察并记录产朊假丝酵母在 YPD 斜面上形成的菌落特征,如菌落颜色、透明度、边缘情况、厚度等。

(4)观察并记录发酵培养后摇瓶内醪液的特征,如颜色、浑浊程度、气味等。

2. 思考题

(1)分装试管斜面时,应怎样操作才能避免培养基污染试管口?

(2)制备培养基的一般步骤是什么?

(3)如何判断摇瓶培养有没有污染杂菌?

(4)摇瓶培养的主要影响因素有哪些?

(5)DNS 法测定还原糖含量时,可能对测定结果造成影响的因素有哪些?

(6)你认为哪些条件会影响单细胞蛋白的产量?

六、实验拓展

设计一个实验方案,筛选一株单细胞蛋白高产菌株,并对其进行发酵培养。

(李加友)

第 3 篇

设计性实验

实验 18   氨基酸营养缺陷型菌株的诱变育种

一、目的要求

1. 学习氨基酸营养缺陷型菌株诱变育种的基本原理和方法；
2. 设计氨基酸营养缺陷型菌株的筛选方案；
3. 熟悉氨基酸营养缺陷型菌株的代谢特点。

二、基本原理

营养缺陷型菌株是指环境中的某些野生型菌株在受物理因素、化学因素等影响后，其编码自身合成代谢途径中某些酶的基因发生突变，从而丧失了合成某些代谢产物（如氨基酸、维生素等）的能力，只有在基础培养基中补充该种营养成分，才能正常生长的一类突变株。在培养过程中降低或者消除末端产物浓度，能够解除产物反馈抑制或者阻遏，而使该菌株代谢中间产物或分支合成途径中末端产物积累。

在营养缺陷型菌株的诱变育种过程中，需要用到基本培养基、完全培养基与补充培养基。其中基本培养基（minimal medium，MM）是指可以满足一般微生物野生型菌株生长需要的培养基；完全培养基（complete medium，CM）是指在基本培养基中加入一些富含氨基酸、维生素及含氮碱基之类的天然有机物质，如蛋白质、酵母膏等，能够满足各种营养缺陷型菌株生长繁殖的培养基，用［＋］来表示；而补充培养基（supplemental medium，SM）是指在基本培养基中只是有针对性地加入某一种或者某几种自身不能合成的有机营养成分，以满足相应的营养缺陷型菌株生长的培养基。

目前在氨基酸、核苷酸生产中已广泛使用营养缺陷型菌株，营养缺陷型菌株也常在遗传学分析、微生物代谢途径的研究及细胞和分子水平基因重组研究中作为供体和受体细胞的遗传标记，是研究杂交、转化、转导、原生质体融合等遗传规律必不可少的遗传标记菌株。本实验旨在利用营养缺陷型菌株代谢特点提高某些反馈抑制或者阻遏，从而使目的产物得到积累。营养缺陷型菌株的筛选一般分四个环节，依次为诱变剂处理、营养缺陷型菌株浓缩、营养缺陷型菌株的检出与鉴定。由于诱变处理突变频率较低，只有建立氨基酸缺陷型菌株的筛选方案，通过筛选模型来淘汰野生型，并通过最终鉴定才能确认营养缺陷型菌株。本实验选用紫外线法进行诱变，该法方便、快捷，后期选用青霉素浓缩法，最终根据菌株的生长谱对营养缺陷型菌株进行鉴定。

1. 紫外诱变

紫外线能够引起碱基转换、颠换、移码突变或缺失,从而产生诱变,如图18-1所示。需要通过诱变剂处理才能产生营养缺陷型菌株。紫外线诱变的最佳波长为254nm,该波长为核酸的最高吸收峰。微生物菌株的脱氧核糖核酸(DNA)与核糖核酸(RNA)的嘌呤与嘧啶吸收了紫外线之后,DNA容易集聚成嘧啶二聚体,二聚体的出现减弱了双键间氢键的作用,导致双链的原结构发生扭曲变形,阻碍了碱基间的正常配对,最终引起突变或死亡;嘧啶二聚体的出现也会影响双链的解开,从而影响了DNA的正常复制与转录。该诱变要防止DNA的光修复作用。

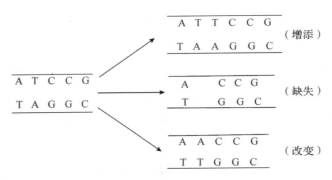

图18-1　紫外诱变对碱基产生的影响

2. 营养缺陷型菌株浓缩

在LB培养基中添加青霉素,利用青霉素杀死处于繁殖状态的野生菌株,使经过紫外诱变产生的营养缺陷型菌株存活下来,从而将营养缺陷型菌株富集,这就是本实验所用的青霉素浓缩法。

青霉素浓缩法适用于细菌。因为青霉素杀死细菌的机理是抑制细菌细胞壁的合成,可杀死处于繁殖期的野生型菌株,但是无法杀死处于休眠状态的营养缺陷型菌株。除了采用青霉素外,也可以选用制霉菌素法。制霉菌素法适合于真菌,制霉菌素可与真菌细胞膜上的甾醇发生反应,从而使细胞壁合成受阻。同青霉素一样,制霉菌素只能杀死处于生长繁殖期的霉菌或者酵母菌,如果在基本培养基中加入青霉素或者制霉菌素,就会杀死野生型的细菌或真菌,营养缺陷型细菌或真菌不能在基本培养基中生长而被保留下来。

除了用抗生素法浓缩营养缺陷型菌株外,也可以运用菌丝过滤法去除野生型菌株。菌丝过滤法适用于能够丝状生长的放线菌与真菌。在基本培养基中,野生型菌株的孢子可以萌发成菌丝,而营养缺陷型的孢子不能萌发成孢子,所以可以通过过滤的方法除去大部分野生型,将营养缺陷型保留下来。

3. 营养缺陷型菌株的检出

检出缺陷型菌株的方法比较多,如果选用一个培养皿就能检出,可以选用限量补充培养法与夹层培养法。如果需在不同培养皿上分别进行对照以检出,可以选用逐个检出法和影印接种法。总之,要根据实验实际需要选用不同的方法。

(1)限量补充培养法:将诱变处理后的微生物细胞直接接种在含有少量蛋白胨的基本培养基固体平板上,野生型微生物细胞迅速长成较大的菌落,而营养缺陷型则缓慢长成小菌落。如果想得到某一特定营养缺陷型,可以再在基本培养基中加入微量的相应物质。

（2）夹层培养法：先在培养皿底部倒一薄层不含微生物细胞的基本培养基，凝固后再添加一层经诱变剂处理的菌液的基本培养基，然后在上面再加一薄层不含菌的基本培养基，经培养，对初次出现的菌落用记号笔标记在培养皿底，然后再加一层完全培养基，培养后出现的小菌落多数都是营养缺陷型菌株。

（3）逐个检出法：将经诱变处理的微生物细胞液涂在倒有完全培养基的琼脂平板上，待其长成单个菌落后，用灭菌处理过的牙签或者接种针逐个接种到基本培养基与另一完全培养基平板上，使两个平板上菌落的位置一一对应。如果在完全培养基平板上某个位置长出菌落，而在基本培养基的相应位置没有长，则该株微生物就是营养缺陷型。

（4）影印接种法：将诱变剂处理后的微生物细胞液涂布在一完全培养基固体平板上，经培养长出许多菌落，再用特殊工具——自制的印章把此平板上的全部菌落转印到另一基本培养基平板上，然后比较两个平板上生长出的菌落。如果前一完全培养基固体平板上长有菌落，而对应另一平板的相应部位没有长出菌落，则说明这个菌落就是营养缺陷型菌株。

4. 营养缺陷型菌株的鉴定

配制完全培养基与基本培养基，将诱变后仍能存活的菌株用灭菌牙签分别接种在基本培养基和完全培养基上。选取在基本培养基上不长、完全培养基上生长的菌落继续在基本培养基上划线，持续不生长的为营养缺陷型菌株。

三、实验器材

1. 实验材料

大肠杆菌 $E.coli$ 12 SF$^+$ 斜面（37℃，培养 18～24h）。

2. 培养基

LB 液体培养基：蛋白胨 1.0g，酵母膏 0.5g，氯化钠 0.5g，水 100mL，pH7.2，121℃灭菌 15min。

$2 \times$ LB 培养液：蛋白胨 1.0g，酵母膏 0.5g，氯化钠 0.5g，水 50mL，pH7.2，121℃灭菌 15min。

基本培养基：葡萄糖 0.5g，无水硫酸铵 0.1g，七水合硫酸镁 0.02g，磷酸氢二钾 0.4g，磷酸二氢钾 0.6g，重蒸水 100mL，pH7.2，110℃灭菌 20min。

完全培养基：在上述基本培养基中加入少量蛋白胨、酵母膏；pH7.2，110℃灭菌 20min。

补充培养基：在上述基本培养基中加入混合氨基酸；pH7.2，110℃灭菌 20min。

固体培养基：在灭菌前添加 1.5%～2.0%琼脂粉到液体培养基即可，所用的试剂均为分析纯。

3. 器皿和仪器

天平，药匙，移液器，含有特定氨基酸的滤纸片，涂布棒，接种环，无菌吸管，无菌平皿，三角涂布棒，锥形瓶，恒温水浴锅，细菌滤器等。

四、操作步骤

(一)紫外线诱变

1. 接种

(1)配制液体 LB 培养基,分装于试管中灭菌。

(2)将活化好的大肠杆菌 *E. coli*12 SF⁺ 斜面接种于 LB 液体培养基中,置于 37℃、200r/min摇床振荡培养过夜。

2. 菌体收集

(1)将发酵液收集在无菌离心管中,6000r/min 离心 5min,弃上清液。

(2)无菌生理盐水洗涤菌体两次后,用 5mL 生理盐水悬浮菌体,涡旋振荡器振荡均匀。

3. 紫外照射

(1)将灭菌处理好的培养皿放置于超净工作台中,用移液器吸取 3mL 菌悬液于培养皿中并吹打均匀,将盖打开,紫外照射 2min。

(2)向培养皿内快速加入 3mL 2×LB 液体培养基并混合均匀,盖上盖后用锡箔纸封好,于 37℃培养过夜。

4. 营养缺陷型菌株的浓缩与检出

(1)在培养箱内取出培养基,将培养液收集至无菌离心管中,6000r/min 离心 5min,弃上清液,菌体收集后用无菌生理盐水洗涤两次。

(2)用 5mL 生理盐水悬浮菌体沉淀,取 0.1mL 至 5mL 无氮培养基中,37℃、200r/min摇床振荡培养过夜。

(3)分别取培养 12h、16h、20h、24h 菌液 0.1mL 至两个无菌培养皿中,随后加入冷却至 45～50℃的完全培养基与基础培养基,混匀后水平放置。凝固后将其放置于 37℃培养箱中培养 36～48h。

(4)取出培养皿,选出完全培养基上菌落数远远大于基本培养基上菌落数的一组,用无菌 10μL 枪头尖或灭菌牙签分别挑取完全培养基上的菌落 200 个,然后分别点种于空白的基本培养基及完全培养基平板上,点种方法如图 18-2 所示,也可以用图 18-3 的方格图进行点种,点种结束后将培养皿置于培养箱中,37℃培养过夜。

(5)次日,取出培养皿,挑取在基本培养基上不生长、完全培养基上生长的菌落,将其在基本培养基上划线后·37℃恒温培养,24h 后仍然不生长者则为营养缺陷型菌株。

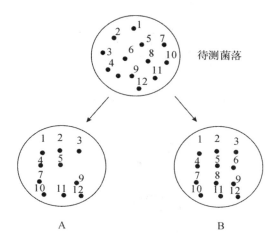

A　基本培养基;B　完全培养基

图 18-2　营养缺陷型菌株的检出

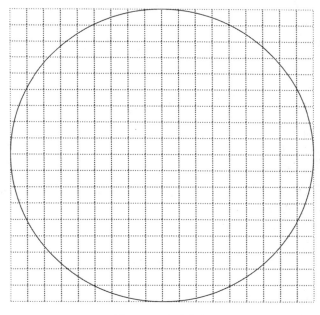

图 18-3　点种方格

5. 营养缺陷型菌株的鉴定

(1)将营养缺陷型菌株纯化后接种到 5mL LB 液体培养基中,37℃恒温培养 14～16h。

(2)将培养液倒入无菌离心管中,6000r/min 离心 5min,用无菌生理盐水洗涤沉淀两次。

(3)将菌体进一步用 5mL 生理盐水悬浮,分别吸取菌悬液 1mL 于两个无菌培养皿中,加入冷至 45～50℃的固体基本培养基,混匀后水平放置。

(4)培养皿内培养基凝固后将一个皿底划分为 6 格,分别放置含有不同氨基酸的滤纸片,其中一个滤纸片不含任何氨基酸作空白对照,如图 18-4 所示,37℃培养 24h,观察生长情况,据此判断营养缺陷型的种类。

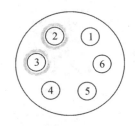

图 18-4　营养缺陷型菌株生长谱的检测

五、实验报告

1. 实验结果

(1)记录并计算紫外线处理后的杀菌率。

(2)将鉴定营养缺陷型菌株时在基本培养基上的生长菌落数记录下来,根据在 6 格中的生长情况判断营养缺陷型的种类。

(3)根据营养缺陷型检出时在基本培养基与完全培养基上生长的微生物的数量,判断营养缺陷型菌株的比率。

2. 思考题

(1)为什么紫外诱变可以使菌株突变? 在该实验中如何避免 DNA 的光修复作用?

(2)为什么要在诱变后添加 2×LB 培养基?

(3)为什么要选育氨基酸营养缺陷型菌株? 在氨基酸生产企业中用这些营养缺陷型菌株进行生产时应该注意哪些方面?

(4)除了青霉素浓缩法外,还有什么措施可以浓缩氨基酸营养缺陷型菌株,以利于后期营养缺陷型菌株的检出与鉴定?

六、实验拓展

某味精生产工厂在发酵生产过程中因为产量过大积压停产半年,后订单增加重新生产,用 4℃冰箱中保藏的原斜面菌种时发现谷氨酸生产不正常,产量下降,请问是什么原因? 应该如何解决?

（陈宜涛）

实验 19　小曲法固态酿造白酒

一、目的要求

1. 掌握原料出酒率的测定；
2. 熟悉小曲法固态白酒酿造的基本原理和工艺流程。

二、基本原理

　　小曲白酒是指以整粒稻谷、大麦、小麦、高粱等为原料，以小曲为发酵剂，经固态或半固态糖化、发酵，再经固态或液态蒸馏而成的成品。小曲白酒独特的酿造工艺造就了小曲白酒清香纯正、入口微甜、香味悠长、落口干爽、微有苦味风格特点，乙酸乙酯、乳酸乙酯、高级醇是构成小曲酒协调复合香味的主要成分。

　　小曲又称酒药、白药、酒饼等，是酿造白酒的发酵剂，用大米、高粱、大麦等为原料，并酌量几种中草药，接种曲母，人工控制培养温度而制成，由于颗粒较大曲小，故称小曲。小曲中所含的微生物主要有霉菌、酵母菌、细菌。霉菌包括根霉、毛霉、曲霉、青霉等；酵母菌包括酒精酵母、产酯酵母等；细菌的种类多样性较丰富，包括己酸菌、醋酸菌、乳酸菌、丁酸菌、枯草杆菌、芽孢杆菌等，其中芽孢杆菌和乳酸菌是普遍存在的细菌，具有水解淀粉和蛋白质的能力，与大曲白酒中一些风味物质的形成有关。

　　原料出酒率(％)：指在标准大气压，20℃下，一个单位原料所产出的酒精含量为50％的白酒的量。例如，以高粱为例，100kg高粱在标准气压，20℃情况下，蒸馏出酒精含量50％的白酒52kg，也就是说高粱出酒率是52％。

三、实验器材

1. 实验材料
高粱，稻壳，观音土曲，酒精计，泡粮水桶，高压蒸汽灭菌锅，瓷盘，保温箱，蒸馏锅。
2. 器皿和仪器
高压蒸汽灭菌锅，陶坛，自制蒸馏器等。

四、操作步骤

(一)小曲白酒酿造工艺流程图

小曲白酒酿造工艺流程图如图 19-1 所示。

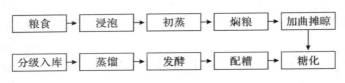

图 19-1　小曲白酒酿造工艺流程

(二)小曲白酒的酿造

1. 泡粮

通过浸泡使粮食淀粉粒的空隙中充满水,淀粉粒逐渐膨胀,导致细胞膜破裂,这样可达到良好的糊化目的。浸泡时保持水温上下一致以保证粮食吸水匀,热水没过粮食 30～35cm,在浸泡中途不可搅动,以免产酸。泡粮后一般每 100kg 粮食增重至 145～148kg,透心率达到 95% 以上为合格。

2. 蒸粮

包括初蒸、焖粮以及复蒸。蒸粮的主要目的是使粮食达到一定程度的糊化,以满足培菌的要求。初蒸是让浸泡后的粮粒进一步受热膨胀,淀粉开始糊化。焖粮一方面通过生成可溶性淀粉,增强粮粒吸水能力;另一方面其中间体被打断,裂口率显著增加,吸水速度也相应增强。复蒸是让淀粉进一步糊化,同时蒸发粮粒表面的水分。蒸煮完以后,摊开冷却到室温。

3. 糖化

培菌的目的是使糖化菌、发酵菌在熟粮中繁殖生长,以提供把淀粉水解为单糖并把单糖转化为酒所必需的酶。同时在培菌糖化过程中,部分淀粉转化成糖,为酵母提供养分,以便下一步发酵的正常进行。

4. 发酵

要做到"定时定温",且发酵应做到"四适合":(1)糖分,指甜糟含糖量高低要适合;(2)水分,甜糟与配糟水分要适合;(3)粮糟与配糟比例要适合;(4)入池温度要适合。此外发酵过程中糟醅的升温情况需加以监控,一般入池发酵 24h 后,升温缓慢,为 2～4℃;发酵 48h 后,升温猛,为 5～6℃;发酵 72h 后,升温慢,为 1～2℃;发酵 96h 后,温度稳定,不升不降;发酵 120h 后,温度下降 1～2℃;发酵 144h 后,降温 3℃。

5. 蒸馏

上甑要求轻倒匀铺,探汽上甑,同时控制好火力。馏酒过程中应时刻检查是否漏气跑酒,并注意蒸汽压力和掌控好冷凝水温度。做好掐头去尾,以尽可能除去半成品酒中对人体有害的成分。最后大汽追尾,馏尾吊尽,降低醅糟酸度。

（三）实验步骤

1. 泡粮

称取 3.000kg 高粱放置于水桶内，加入 85℃ 热水没过高粱 30cm 左右，放置于保温箱中，设置温度为 80℃，泡粮 36h。

2. 蒸粮

将泡粮好的粮食用纱布过滤，然后放置于高压蒸汽灭菌锅中，于 121℃ 进行初蒸 15min，然后取出放置于桶内，加入 60℃ 左右温水至刚好没过，放置保温箱，60℃ 保温 30min 后焖粮完毕，用纱布过滤后放入高压蒸汽灭菌锅内，于 115℃ 复蒸 15min 即可。

3. 摊晾、撒曲糖化

将复蒸后的高粱加到冷却后的蒸馏水中，使之温度降低到 24～26℃，然后平铺于瓷盘中，加入原料量 0.9%～1% 的观音土曲即 27～30g 的观音土曲，拌均匀后，再加入 20% 左右的即 600g 稻壳，清蒸稻壳覆盖于表面，室温放置糖化培菌 26h。

4. 发酵

将糖化完成的瓷盘放置于保温箱中，调控温度至 11～14℃，保温 2h，然后转移到灭菌过后的陶坛中，用塑料膜密封，发酵 15d。

5. 蒸馏

将发酵完成的糟醅放置于自制的蒸馏锅中，于底部添加少量清蒸稻壳，控制酒温在 23～24℃ 左右，掐头去尾——去掉 75vol% 以上和 20vol% 以下的酒，取其中段酒，待用。

五、实验报告

1. 实验结果

（1）将测得的中段酒的质量记录于表 19-1。

表 19-1　三组实验组蒸馏酒质量记录

	中段酒		
	1	2	3
$m_{50vol\%}$	m_1	m_2	m_3
平均值	$\overline{m}_{50vol\%}$		

（2）从上表中选取平均值数值来计算原料出酒率。计算公式如下：

$$N = \frac{\overline{m}_{50vol\%}}{m} \times 100\% \qquad (19\text{-}1)$$

式中：N 为原料出酒率，单位为%；

　　$\overline{m}_{50vol\%}$ 为三组实验组蒸馏后酒度在 50vol% 以上的酒的平均质量；

　　m 为原料量。

例如：当实验组 1 的 $m_{50vol\%}$ 为 m_1，实验组 2 的 $m_{50vol\%}$ 为 m_2，实验组 3 的 $m_{50vol\%}$ 为 m_3，且 $m_1=1500.0g$，$m_2=1420.5g$，$m_3=1510.5g$ 时，原料出酒率为：

$$N = \frac{\overline{m}_{\,50\text{vol}\%}}{3000} \times 100\% = 49.23\%$$

故,原料出酒率为 49.23%。

2. 思考题

(1)原料出酒率的含义是什么？出酒率有几种表示法？用哪一种方法测得效价更准确？为什么？

(2)小曲中有哪些微生物？在酿造过程中都有哪些作用？

六、实验拓展

在某小曲白酒酿造过程中,发现出酒率大幅度下降,分析可能是哪些原因造成的。

（薛栋升）

实验 20　啤酒的简易酿造

一、目的要求

1. 掌握啤酒酿造的具体流程及其生产工艺；
2. 掌握啤酒的主发酵与后发酵工艺，了解发酵各阶段的变化特征；
3. 了解啤酒的定义及分类。

二、基本原理

啤酒是以水、大麦、酒花和其他淀粉质原料（如大米和玉米等）为主要原材料，由酿酒酵母发酵得到的饱含二氧化碳的低酒精度酒。酿造过程中，酵母可产生多种酶类，使糖经 EMP 途径生成丙酮酸，再经无氧酵解形成酒精与 CO_2，同时生产各种高级醇类、连二酮类、酯类、酸类和醛类以及各种含硫化合物等。因此啤酒主要含有水分、糊精、酒精、酒花苦味物质、杂醇油、各种人体所需的氨基酸、多种微生物、矿物质、高浓度的二氧化碳以及少量氧气等，同时具有独特的苦味与香味。

因酵母类型、发酵条件、产品风味等不同，发酵方式各不相同，啤酒种类也多种多样。通常而言，有以下几种啤酒分类方式：根据麦芽汁浓度，可以将啤酒分为低浓度型、中浓度型以及高浓度型啤酒；根据色泽，可以将啤酒分为淡色啤酒和浓色啤酒；根据除菌与否，可以将啤酒分为生啤（过滤除菌）、熟啤（高温灭菌）、鲜啤（未除菌）和扎啤（只填充 CO_2 不添加任何成分）等；除此之外，还有干啤、果啤、冰啤、无醇啤酒等特种啤酒。

啤酒生产过程主要分为制麦、糖化、发酵和罐装四个部分，其具体生产工艺流程如图 20-1 所示。

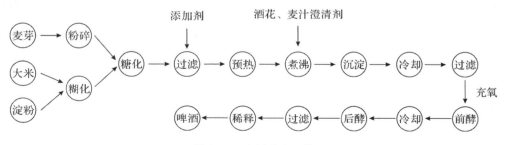

图 20-1　啤酒酿造工艺

三、实验器材

1. 实验材料

酿酒酵母（*Saccharomyces cerevisiae*），酿造用水，大麦芽，大米或玉米淀粉，大麦，糖，糖浆，酒花等。

2. 培养基

麦芽汁。

3. 器皿和仪器

电炉，显微镜，水浴锅，生物传感器，血球计数板，恒温培养箱，玻璃棒，pH 计，啤酒自动分析仪，紫外可见分光光度计，天平，双乙酰蒸馏器，蒸汽发生瓶，浊度计，浊度管，滴定管，铁架台，粉碎机，麦芽汁过滤槽，糊化锅，糖化锅，过滤槽，煮沸锅，小型啤酒发酵设备。

四、操作步骤

（一）啤酒酵母的扩大培养

在啤酒发酵之前，必须要有啤酒酵母作为发酵菌种，一般啤酒酵母接种量为麦芽汁量的 10%，以使最终发酵液中的酵母量可以达到 10^7 CFU/mL，只有这样才能有足够多的啤酒酵母利用原料中的糖分等发酵产生酒精及各种风味物质。啤酒酵母扩大培养的目的是获得足够的酵母，另外还能使酵母由最适生长温度逐渐适应较低的发酵温度。本次实验拟使用 80L 麦芽汁，按照 10% 接种量，需要制备 10^7 CFU/mL 的酵母菌种，总共应制备约 800mL 10^8 CFU/mL 的啤酒酵母发酵菌种。具体制备过程如下：

1. 培养基制备

分别取 40mL 麦芽汁滤液倒入两只 250mL 三角瓶中；分别取 400mL 麦芽汁滤液倒入两只 1000mL 三角瓶中；取 200mL 麦芽汁滤液倒入 1000mL 三角瓶中，按照 1.5% 的比例加入琼脂粉。将上述三角瓶瓶口封好后 121℃ 灭菌 30min。

2. 菌种活化

取啤酒酵母麦汁斜面菌种，划线接种于麦汁平板，于 28℃ 恒温培养箱中培养 2d。

3. 菌种扩大培养

取出麦汁平板，在载玻片上制片，经镜检为纯酵母菌种后分别挑取 3 个单菌落，接种于两个装有 40mL 麦汁的 250mL 三角瓶中，置于 20℃ 摇床震荡培养 2d。分别将两个三角瓶中的 40mL 啤酒酵母种子液接入含有 400mL 麦汁的 1000mL 三角瓶中，15℃ 摇床震荡培养 2d；血球计数板计数后备用。

（二）原料粉碎

大麦制麦前需先经风选或筛选除杂、永磁筒去铁、除石、精选机分级。投产前，进行一般理化分析。一般要求二棱或者六棱大麦，壳皮成分少，淀粉含量高，蛋白质含量适中（9%～12%），淡黄色，有光泽，水分含量低于 13%，发芽率在 95% 以上。糖化前需先将麦芽以及辅料(如大米、玉米淀粉等)粉碎,过 160 目筛备用(过粗影响麦芽有效成分利用程度,降低麦汁浸出率;过细则会增加麦皮中有害成分的溶出,使麦汁过滤困难)。

(三)制麦

1. 浸麦

麦汁制备包括原料糖化、麦醪过滤和麦汁煮沸等几个过程,浸麦用水计算公式:

$$W = A(100 - B)/B \qquad (20\text{-}1)$$

式中:W 为 100kg 麦芽所需的水量;

A 为 100kg 麦芽中含有的可溶性物质;

B 为过滤开始时的麦汁波美度(第一麦汁波美度)。

假设我们要制备 60L 10 波美度的麦芽汁,假设麦芽的浸出物为 75％,根据上面式子,我们可以得出:

$W = A(100 - B)B = 75(100 - 10)/10 = 675L$,也就是说,100kg 原料需要 675L 水,如果制备 60L 10 度的麦芽汁,大约需要添加 10kg 的麦芽和 67.5L 的水。

2. 糖化、液化及糊化

糖化过程中,麦芽利用本身所含的淀粉酶将大麦中的蛋白质、淀粉等大分子物质等逐步降解,使可溶性物质如糖类(包括葡萄糖、麦芽糖与麦芽三糖等)、氨基酸及多肽等溶出,通过这种方法制得的溶液称为麦芽汁。糖化程度的好坏直接影响糖化得率、过滤时间、发酵进程等,是关系啤酒质量的重要步骤。糖化方法有煮出糖化法、浸出糖化法、双醪煮出糖化法。本实验主要采用浸出糖化法,主要操作步骤为:

(1)将原料与水在 35～37℃保温 30min;

(2)迅速升温至 50～52℃,保温 60min;

(3)继续加热至 65℃,保温 30min;

(4)继续加热至 76～78℃,并将物料送入过滤槽。

除糖化之外,淀粉还会发生糊化。糊化是指淀粉颗粒在热溶液中膨胀断裂的过程。若未糊化,淀粉颗粒的分解较难,糊化后,淀粉酶可以较好地将淀粉分解,并且不同种类淀粉所需糊化温度不同。一般而言,大米淀粉糊化温度是 80～85℃,玉米淀粉糊化温度为 68～78℃,小麦淀粉糊化温度为 57～70℃。

液化则是指在 α-淀粉酶的作用下,由葡萄糖残基组成的淀粉长链迅速分解为短链,进而形成低分子糊精的过程,进一步使已糊化的淀粉醪液黏度下降,分解时间变长,为糖化创造条件。

3. 麦汁过滤

将上述得到的麦汁进行过滤,可以采用滤棉法、离心分离、微孔过滤、板式过滤及以硅藻土作为介质的方法进行过滤。本实验采用板式过滤。该方法是将糖化醪中的可溶性浸出物与不溶性麦糟进行固液分离,借助麦糟形成的固相过滤饼与底部的筛板,得到澄清的麦汁。滤液称为头道麦汁或过滤麦汁,然后进行洗槽,将残留于麦糟中的浸出物浸泡、洗涤出来。

4. 麦汁煮沸

将上述麦汁与麦汁洗涤液共同加热煮沸,破坏酶的活性,一方面使其中的蛋白质变性沉淀,另一方面,还可以浓缩麦汁,得到较为稳定的麦汁。同时按照每 100L 澄清麦汁约 200g 酒花的比例加入酒花,酒花可以分 2～3 次加入。增加啤酒的口感,延长货架期,提高其稳定

性。麦汁煮沸时间一般为 1.5h～2.0h,煮沸结束后,将其密闭,避免外界杂菌进入。

5. 沉淀及麦汁冷却

将煮沸后的麦汁泵入沉淀槽,麦汁沿壁下降的过程中,通过与槽壁接触增加了蒸发表面积,麦汁得到迅速冷却。同时由于自由沉降形成的离心力作用,麦汁中的各种絮凝物迅速沉淀。将预冷的麦汁通过冷却器进行降温,使其达到发酵温度。

(四)啤酒主发酵

啤酒主发酵是一种静止发酵过程,将酵母接种到麦芽汁中后,在一定温度下,酵母作为一种兼性厌氧微生物,可以利用麦芽汁中的溶解氧进行好氧生长,然后利用麦芽汁中的糖,通过 EMP 途径进行厌氧发酵生成酒精与 CO_2。发酵大约 5～7d 后,每隔 12h 或者 24h 取样 1 次,发酵过程中,对还原糖、细胞浓度、出芽率、酒精度、酸度及 pH 值进行监测,判断主发酵终点。

具体步骤为:将糖化后冷却至 10℃ 左右的麦汁泵入发酵罐,接入准备好的酵母种子液,通入无菌空气,待溶解氧达到要求浓度后,酵母进入繁殖期,大约 20h 后,溶解氧被消耗,进入啤酒主发酵阶段。该过程一般为 7d 左右,历经酵母繁殖期、起泡期、高泡期、落泡期和泡盖形成期等五个时期。

主发酵取样测定参数:还原糖、细胞浓度、出芽率、酒精度、α-氨基氮、酸度、pH 值、双乙酰等。

(五)后发酵

啤酒主发酵结束后,发酵液中还有少许可发酵糖,比如麦芽糖或者麦芽三糖,啤酒酵母可以在后发酵过程中利用这些残留糖分继续发酵,产生酒精与 CO_2。在该过程中,温度控制在 2.8～3.2℃ 15d,1～2℃ 15d,0～1℃ 至酒澄清。不同种类啤酒后发酵时间不同,鲜啤酒一般为 40～60d,熟啤酒为 75～90d,出口啤酒为 120d。后发酵过程不但改善了啤酒的风味,还提高了啤酒的生物稳定性,延长了啤酒的保存期,主要体现在以下几个方面:

① 在后发酵过程中,大量 CO_2 的产生,使啤酒中 CO_2 达到饱和,促进主发酵过程中涩味物质比如双乙酰、硫化氢以及乙醛等物质的排除。还可使 O_2 不能进入发酵液,避免发酵液中部分成分因被氧化而影响啤酒的色度。

② 后发酵过程中啤酒酵母利用发酵液中残留的麦芽糖与麦芽三糖进行发酵,减少了啤酒的甜味,改善了啤酒的口感。

③ 在后发酵前期,可以促使双乙酰还原,改善啤酒的口感。

④ 通过后发酵,啤酒中的各种悬浮物、絮状物等都沉淀下来,有利于啤酒的过滤和保存。

(六)过滤

可以选用膜过滤,按照分离过程的不同,可以将膜过滤分为微滤、超滤、反渗透过滤、渗析过滤、气体分离过滤、渗透气体过滤、液膜过滤等。啤酒过滤主要使用微滤与超滤,整个过滤过程分为预过滤和终过滤两级,分别由一个预过滤罐和两个终过滤罐组合而成。其中预过滤可以采用孔径为 $0.7\mu m$、厚 14mm,并且可以反复冲洗的深层过滤膜。在预过滤过程中,可以滤掉所有酵母以及大部分有害微生物,同时可以提高澄清度。终过滤则是选用低吸附性聚酯材料,孔径为 $0.65\mu m$ 和 $0.45\mu m$ 的双层组合,其过滤精度为 $0.45\mu m$,可以彻底除去细菌,一般纯生啤酒都是采用这种过滤方式。除此之外,还需要配备一套清洗用水膜过滤装置,可以避免在清洗啤酒过滤系统时将水中的微生物与细小颗粒带到膜内。

啤酒厂运用的膜主要是有机合成膜与陶膜,尤其以有机合成膜使用最多,过滤后酵母数会小于 5CFU/100mL,甚至到 0,浊度小于 0.3EBC。

五、实验报告

1. 实验结果

(1)啤酒主发酵过程中取样检测结果如表 20-1 所示。

表 20-1　啤酒主发酵取样检测结果

时间	还原糖含量/ $(g \cdot 100mL^{-1})$	酵母细胞浓度/ $(个 \cdot mL^{-1})$	酵母出芽率	双乙酰含量/ $(mg \cdot L^{-1})$	pH 值及酸度	色度及浊度	酒精度	α-氨基氮含量/ $(mg \cdot L^{-1})$
24h								
48h								
72h								
96h								
120h								

(2)试将最终发酵结束的成品啤酒与市售啤酒的口感、色度、酒精度、CO_2 含量等做对比,找出其风味的差别。

2. 思考题

(1)请分析啤酒糖化过程中麦芽内各种酶的作用。

(2)麦芽粉碎程度对过滤会产生什么影响?

六、实验拓展

在啤酒生产中酵母会产生凝聚,请问这对后发酵有什么影响,如何避免这种现象的发生?

(陈宜涛)

实验 21 鼠李糖乳杆菌发酵生产 L-乳酸

一、目的要求

1. 掌握鼠李糖乳杆菌发酵生产 L-乳酸的基本原理；
2. 熟悉鼠李糖乳杆菌发酵生产 L-乳酸的过程参数控制；
3. 掌握 L-乳酸、残糖和菌体密度的测定方法。

二、基本原理

乳酸(lactic acid)是一种天然的 α-羟基酸，化学名称为 2-羟基丙酸(2-hydrxy-propionic acid)，其分子式为 C_2H_5OCOOH，分子量 90.08，广泛存在于人体、动物、植物和微生物中。乳酸可分为 L-乳酸和 D-乳酸两种旋光异构体。

L-乳酸   D-乳酸

聚乳酸(poly lactic acid)在生物降解高分子材料领域中显示出了巨大的应用潜力，增加了市场对高光学纯度 L-乳酸的需求量。目前，微生物发酵法是乳酸生产的主要方法，分别以玉米、小麦、大米和红薯等淀粉为原料，结合化学法与酶法，将淀粉转化为葡萄糖，再进行菌种培养发酵。微生物发酵法制备乳酸可通过选择合适的菌种和培养条件获得立体专一性的 D-乳酸、L-乳酸和 DL-乳酸，以满足生产聚乳酸的需要。自然界中可发酵产生 L-乳酸的微生物包括乳酸杆菌属(*Lactobacillus*)、链球菌属(*Streptococcus*)、双歧杆菌属(*Bifidobacterium*)和根霉属(*Rhizopus*)等。其中，乳酸细菌一般不能直接利用淀粉质原料，必须将淀粉进行糖化转化为葡萄糖才能发酵，其发酵机理主要包括同型乳酸发酵和异型乳酸发酵。

(1)同型乳酸发酵：同型乳酸发酵是葡萄糖进入鼠李糖乳杆菌等细胞后，通过糖酵解途径被分解为丙酮酸，进一步在乳酸脱氢酶的作用下生成乳酸，其反应式如下：

$$C_6H_{12}O_6 + 2ADP + 2Pi \longrightarrow 2CH_3CHOHCOOH + 2ATP \tag{21-1}$$

在此发酵过程中，1mol 葡萄糖可以生成 2mol 乳酸和 2mol 的 ATP，理论转化率为 100%。由于在发酵过程中微生物有其他生理活动存在，实际转化率＜100%，一般转化率大于 80%即可视为同型乳酸发酵。

（2）异型乳酸发酵：异型乳酸发酵是某些乳酸细菌利用戊糖磷酸（hexose monophophate pathyway，HMP）途径，分解葡萄糖为 5-磷酸核酮糖，再经差向异构酶作用转换成 5-磷酸木酮糖，然后经磷酸酮解酶催化作用发生裂解反应，生成 3-磷酸甘油醛和乙酰磷酸。磷酸酮解酶是异型乳酸发酵的关键酶。乙酰磷酸进一步还原为乙醇，同时释放出磷酸，而 3-磷酸甘油醛经 EMP 途径转化为乳酸，同时产生一分子 ATP，其反应式如下：

$$C_6H_{12}O_6+ADP+Pi \longrightarrow CH_3CHOHCOOH+CH_3CH_2OH+CO_2+ATP \qquad (21\text{-}2)$$

由葡萄糖进行异型乳酸发酵，其产能水平仅是同型乳酸发酵的一半。异型乳酸发酵产物除乳酸外还有乙醇、CO_2 和 ATP，乳酸对葡萄糖的转化率只有 50%。

三、器材与试剂

1. 实验材料

鼠李糖乳杆菌（*Lactobacillus rhamnosus*），葡萄糖，蛋白胨，酵母抽提物，牛肉浸膏，柠檬酸三铵，琼脂粉，乙酸钠，磷酸氢二钾，硫酸镁硫酸锰，吐温 80。

2. 培养基

（1）菌种活化培养基（MRS 培养基）：葡萄糖 20g/L，蛋白胨 10g/L，牛肉浸膏 10g/L，酵母抽提 5g/L，柠檬酸三胺 2g/L，乙酸钠 5g/L，磷酸氢二钾 2g/L，硫酸镁 0.2g/L，硫酸锰 0.05g/L，吐温 70g/L。用 2mol/L 氢氧化钠溶液调节 pH 值至 7.0，高压蒸汽灭菌锅中 115℃灭菌 15min，固体培养基加入琼脂粉 15.0g/L。

（2）种子和发酵培养基：葡萄糖 120g/L，蛋白胨 10g/L，酵母抽提物 5g/L，磷酸氢二钾 2g/L，硫酸镁 0.3g/L，硫酸锰 0.05g/L，碳酸钙 40g/L。发酵过程中用氨水调节 pH 值至 7.0，高压蒸气灭菌锅中 115℃灭菌 20min。其中，种子培养基葡萄糖为 20g/L。

3. 器皿和仪器

超净工作台，AB 104-N 电子天平，MCO-12AChmineraeus CO_2 恒温培养箱，ZHWY-211C 恒温振荡培养箱，SS-325 全自动高压蒸汽灭菌锅，紫外可见分光光度计，NLF 5L 发酵罐（瑞士比欧生物工程公司）。

四、基本操作

1. 菌种活化与培养

（1）将鼠李糖乳杆菌保藏液（－80℃）于 MRS 固体培养基上划线后，置于恒温 5% CO_2 培养箱，37℃下过夜培养。

（2）在无菌操作台中，挑去鼠李糖乳杆菌单菌落于 5mL MRS 培养基中，接种量为 5%，置于恒温振荡培养箱中，200r/min，37℃条件下过夜培养。

（3）在无菌条件下,转移一级种子培养液于 500mL MRS 培养基中,接种量为 5%,置于恒温振荡培养箱中,200r/min,37℃条件下培养 15h,作为发酵种子培养物。

2. L-乳酸发酵

（1）清洗发酵罐,配制发酵培养基 3L,装入发酵罐中,于 115℃条件下离位灭菌 20min,灭菌结束后及时通入无菌空气,保证发酵罐中维持正压,防止环境中杂菌侵入(关键),并在夹套中通入循环水,将发酵培养基冷却至 37℃左右。

（2）在无菌条件下接入种子培养基,接种量为 5%,设置搅拌转速、通气量、培养温度等参数。在发酵过程中,每隔 2 小时取样,测定菌体密度、L-乳酸和葡萄糖浓度。

发酵结束后,移出发酵液,彻底清洗发酵罐,将实验相关设备复原。

3. 分析方法

（1）细胞密度分析:细胞密度采用紫外分光光度计测定,将发酵液离心后收集菌体,用稀盐酸充分洗涤,除去过量的碳酸钙,再用生理盐水洗涤两次,然后重悬于生理盐水中,再在 660nm 波长下测定吸光值（OD_{660}）。调整细胞密度 OD_{660} 在 10 左右,取 50mL 菌悬液于称量瓶中,105℃干燥至恒重,称重并计算菌体干重（DCW,单位为 g/L）。

（2）EDTA 滴定法定量分析乳酸钙:取发酵液 2mL,经 8000r/min 离心 5min 后,取发酵上清液 1mL 于 100mL 的蒸馏水中,加入 10mL 1.0mol/L NaOH,加钙指示剂 2 滴,用浓度为 0.05mol/L 的 EDTA-Na$_2$ 试剂进行滴定,终点为溶液颜色变为纯蓝色,由 EDTA-Na$_2$ 体积计算 L-乳酸的含量（W）。计算公式如下:

$$W = 90.08 \times 0.1 \times V \tag{21-3}$$

式中:V 为滴定消耗 EDTA-Na$_2$ 的量,单位为 mL。

（3）葡萄糖分析:发酵液中葡萄糖浓度采用二硝基水杨酸（DNS）法进行分析。

五、实验报告

1. 实验结果

（1）记录实验过程中,菌体、葡萄糖和 L-乳酸浓度,填写在表 21-1 中。

表 21-1　鼠李糖乳杆菌发酵 L-乳酸过程记录

发酵时间/h	葡萄浓度/(g·L^{-1})	菌体浓度/(g·L^{-1})	L-乳酸浓度/(g·L^{-1})
0			
2			
4			
6			
8			
10			
12			

发酵时间/h	葡萄浓度/(g·L⁻¹)	菌体浓度/(g·L⁻¹)	L-乳酸浓度/(g·L⁻¹)
14			
16			
18			
20			

(2)根据实验数据,以时间为横坐标,葡萄糖、菌体或 L-乳酸浓度为纵坐标,绘制发酵过程曲线。

2. 思考题

(1)在乳酸发酵过程中,计算鼠李糖乳杆菌细胞得率和 L-乳酸的转化率,由此判断鼠李糖乳杆菌属于同型乳酸发酵还是异型乳酸发酵。

(2)观察细胞生长曲线和 L-乳酸生产曲线关系,判断是否符合生长偶联型关系。

六、实验拓展

(1)结合实验过程,你认为在鼠李糖乳酸杆菌发酵生产 L-乳酸过程中的影响因素有哪些?该如何调节与控制?

(2)如何通过发酵工艺调节提高发酵液中 L-乳酸的浓度?

(裴晓林)

实验 22　米根霉的分离纯化及发酵生产

一、目的要求

1. 掌握丝状真菌根霉菌尤其是米根霉分离纯化的原理及方法；
2. 熟悉丝状真菌米根霉发酵制备种子的一般流程及技术要求；
3. 了解丝状真菌米根霉发酵生产 L-乳酸的一般操作和流程。

二、基本原理

　　根霉(*Rhizopus*)属于毛霉目，在自然界分布甚广，土壤、空气、水和动植物体上均有它们的存在。根霉的特点是其菌落大小不固定，没有一定的菌落形态，常易与其他霉菌混生，所以分离时可采取大稀释度、早移植、添加抑制剂等措施，效果良好，分离培养后可依照形态特征进行鉴别。根霉是发酵工业中常用的糖化菌。米根霉是重要霉菌之一。在土壤、空气及其他物质上亦常见，其发育温度为 30～35℃，最适温度 37℃，41℃亦能生长。能糖化淀粉、转化葡萄糖，产生 L-乳酸、反丁烯二酸及微量酒精等。

　　根霉菌是一类典型的丝状真菌，菌丝发达，深层培养过程中可形成团块状、絮状和球状(图 22-1)，复杂的生长形态对代谢产物的积累有着重要影响。团块状菌体在发酵接种时难于控制接种量，且极大地限制了菌体内部的传质传氧，产物产量明显偏低；絮状菌体营养物质和氧气在其内部传输较为顺利，但该形态使得发酵液黏度增加，形成假塑型流体，降低了传质传氧效率，同时菌体还极易缠绕搅拌浆，使搅拌阻力增加；球状形态则可以克服以上不足，改善发酵液的流变特性，有效提高传质传氧性能，降低能耗，是丝状真菌培养过程中所追求的理想形态。根霉菌是一类具有较强自吸附能力的丝状真菌，在液体深层发酵中随着环境因素的变化能形成多种不同的菌体形态(球状、絮状及团块状等)。例如：氮源对菌体形态影响较大，氮源丰富时容易导致菌丝的疯长并形成团块状菌体；培养基的初始 pH 及金属离子种类与浓度，可抑制菌丝快速生长，达到控制菌球的目的。同时，接种孢子浓度、摇床转速等条件对菌球的影响较大，菌体形态的变化最终影响代谢产物的合成。

　　乳酸是一种常见的有机酸，是世界公认的三大有机酸之一，乳酸及其盐类和衍生物广泛用于食品、医药、饲料、化工等领域。合成乳酸的方法有很多，主要有化学合成法、酶法生产以及发酵法生产。其中根霉菌，尤其是米根霉，在发酵生产 L-乳酸过程中具有独特的优势，较高效、安全、环保等。米根霉产 L-乳酸能力强，达 70% 左右。

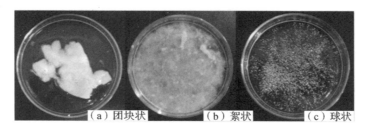

（a）团块状　　（b）絮状　　（c）球状

图 22-1　不同米根霉发酵形态

米根霉在发酵生产有机酸的过程中,菌体自身可以絮凝形成大小均一、密实性合适的菌丝球颗粒,同时具有良好的生产活性,具备实现自固定化的基本条件。本实验是利用甜酒曲分离纯化米根霉菌种,并利用分离得到的米根霉菌种,分析影响米根霉菌球状形态形成的因素,并在 5L 发酵罐中发酵合成 L-乳酸,观察不同培养条件对 L-乳酸合成的影响(图 22-2)。

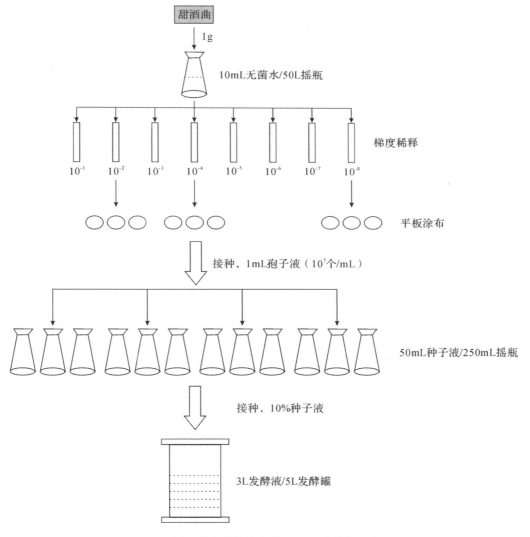

图 22-2　米根霉筛选发酵生产 L-乳酸的流程

本实验的主要目的是认识米根霉发酵生产 L-乳酸的整个过程,掌握米根霉发酵产生 L-乳酸的方法,使学生对米根霉产生 L-乳酸菌种的筛选、米根霉发酵合成 L-乳酸有感性认识。

三、实验器材

1. 实验材料

甜酒曲,米根霉 *Rhizopus oryzae* NRRL397。

2. 培养基

PDA 培养基(取新鲜的马铃薯削皮切成小块 200g,加入 1000mL 去离子水,煮沸 20min 后,用纱布过滤,在滤液中加入 20g 琼脂,20g 葡萄糖,然后加热融化并补足至 1000mL)。放置于高压蒸汽灭菌锅中 121℃灭菌 20min 后,备用。

种子培养基(葡萄糖 20.0g/L,蛋白胨 2.0g/L,KH_2PO_4 0.2g/L,$MgSO_4 \cdot 7H_2O$ 0.2g/L,pH 自然),发酵培养基(葡萄糖 80.0g/L,蛋白胨 2.0g/L,KH_2PO_4 0.2g/L,$MgSO_4 \cdot 7H_2O$ 0.25g/L,$ZnSO_4 \cdot 7H_2O$ 0.04g/L,$CaCO_3$ 50g/L)。

3. 器皿和仪器

培养皿,涂布棒,微量移液器,移液管,酒精灯,超净台,恒温水浴锅,恒温摇床,5L 发酵罐,灭菌锅,高效液相色谱(HPLC),SBA-40D 生物传感仪等。

四、操作步骤

(一)米根霉的分离纯化

1. 制备菌悬液

取甜酒曲 1g 置于 50mL 无菌锥形瓶中(含玻璃珠),加 10mL 无菌水,摇晃成均匀的悬浮液。

2. 菌体培养

融化 PDA 培养基制作平板,将上述悬液以 10 倍法稀释至 10^{-8},取 10^{-2},10^{-4},10^{-8} 三个稀释度的稀释液各 0.2mL 于无菌平皿中(每一稀释度平行 2 个皿),用玻璃涂布器涂布均匀,置于 30℃培养 24~48h。

3. 筛选菌落

观察有无菌丝生长,由于此时菌丝细短、颜色与培养基近似,不易被发现,故易在有光处斜视才易见到。此操作均在超净台中进行。

4. 米根霉的检测

根据形态鉴别根霉,必要时可进一步通过生理生化试验予以验证,同时发酵培养,HPLC 检测发酵液产物,筛选优良菌株。

(二)米根霉种子培养

1. 孢子悬浮液的制备

米根霉在斜面培养基培养 6～7d,待孢子生长成熟后,用一定量的无菌水洗脱斜面培养基中的孢子,经无菌脱脂棉过滤去除菌丝体后,制备成孢子悬浮液,控制孢子悬浮液浓度为 $10^7 \sim 10^8$ 个/mL;放置在 4℃ 保存备用。

2. 培养基的配制

配制种子培养基,250mL 锥形瓶分装 50mL 种子液,8 层纱布封装,121℃ 灭菌 20min 后备用。

3. 正交优化实验

设计正交表格,考察不同因素交互对种子质量(干重、形态)的影响。正交试验表格如表 22-1 所示。

表 22-1　米根霉发酵条件正交实验

序列	转速/(r·min⁻¹)	CaCO₃ 添加量/g	装液量/mL
1	80	0	50
2	80	2	100
3	120	0	100
4	120	2	50

4. 种子制备

取孢子液 1mL(孢子浓度 10^7 个/mL)加入种子培养基中进行种子培养,培养条件 30℃,控制不同转速进行培养,培养 24h 结束,在此过程中,选取 3 个时间段进行数据检测,记录菌体干重、葡萄糖消耗以及乳酸变化情况,绘制一步生长曲线图,观察菌体形态,并以最终的菌体干重为实验结果做分析,记录菌体形态,形成表格数据,并进行数据分析。

(三)L-乳酸发酵

1. 发酵培养的配置

配制发酵培养基,5L 发酵罐装液量 3L,121℃ 离线灭菌 20min 后备用,分别用灭菌的 1:10(浓硫酸与水体积比)的稀 H_2SO_4 溶液、10％的 NaOH 水溶液调节酸碱度,消泡剂为无菌的大豆油。

2. 发酵罐参数的调试

矫正发酵罐 pH、溶解氧等参数(具体参加实验 3),设置发酵温度为 30℃,通气量为 0.5VVM,转速为 300r/min。

3. 种子培养的添加

取 10％(V/V)的种子液(种子液按照米根霉种子的培养方法,培养 24h)接种至发酵培养基中进行发酵培养。发酵至葡萄糖在 5g/L 以下。

4. 绘制发酵曲线

每隔 6 小时取样,取样 5～10mL,分析葡萄糖消耗以及乳酸的生成,记录数据,并绘制发酵曲线图。

五、实验报告

1. 实验结果

(1)将各平板上的菌落数记录于表 22-2 中。

表 22-2　菌体筛选菌落数

	10^{-2}	10^{-4}	10^{-8}
总菌落数/个			
菌种种类及数量			

(2)将种子培养的正交实验数据记录于表 22-3 中,并进行数据分析,优化种子培养的试验参数。

表 22-3　米根霉发酵条件正交实验结果

序列	转速/(r·min⁻¹)	CaCO₃ 添加量/g	装液量/mL	菌体干重/g	形态
1	80	0	50		
2	80	2	100		
3	120	0	100		
4	120	2	50		
R_1					
R_2					

(3)记录发酵实验数据于表 22-4 中,并绘制发酵曲线。

表 22-4　发酵时间对米根霉发酵合成 L-乳酸的影响

培养时间/h	0	6	12	18	24	30	36	42	48	54	60
葡萄糖含量/(g·L⁻¹)											
L-乳酸含量/(g·L⁻¹)											

2. 思考题

(1)请简要介绍菌种的筛选方法。

(2)发酵种子质量的判定方法有哪些?如何获得高质量的发酵种子?

(3)控制米根霉发酵合成乳酸的因素有哪些?其中起主要作用的因素是什么?分别说明。

六、实验拓展

　　米根霉利用发酵罐发酵合成乳酸的过程中,乳酸的合成受菌体形态的影响而发生变化,你认为哪种菌体形态最有利于 L-乳酸发酵,并说明原因。

（付永前）

实验 23　重组大肠杆菌高密度发酵表达脱氧核糖磷酸醛缩酶

一、目的要求

1. 学习脱氧核糖磷酸醛缩酶的催化特性;
2. 掌握重组大肠杆菌表达脱氧核糖磷酸醛缩酶过程中高密度发酵工艺。

二、基本原理

脱氧核糖醛缩酶(Deoxyriboaldolase,DERA)是一种醇醛缩合裂解酶,又称 2-脱氧核糖-5-磷酸醛缩酶(2-deoxyribose-5-phosphate aldolase)、2-脱氧-D-核糖-5-磷酸乙醛裂解酶(2-deoxy-D-ribose-5-phosphate acetaldehyde-lyase)或者磷酸脱氧核糖醛缩酶(phosphodeoxyriboaldolase)。这种酶普遍存在于生物体内。作为一类高效生物催化剂,该酶能够有效地催化酮发生对醛的立体选择性加成反应,以三分子乙醛或其他醛酮结构的化合物作为反应底物,经过两步缩合反应生成他汀类药物的手性侧链。该反应可以避免用化学合成方法直接合成他汀类药物生成手性副产物的问题,通过形成席夫碱,将底物与活性部位的氨基以共价键结合,引发键的断裂与形成,因此该酶在手性反应中有潜在的应用价值。该酶还可以催化合成脱氧核糖、硫代糖类及其他类似物,有的产物已经被用于合成一些治疗药物,如抗病毒药物、抗癌药物以及降胆固醇药物等。最早发现 DERA 是在白喉棒状杆菌、大肠杆菌以及动物组织中,后期有研究工作者对来自 *Escherichia coli*、*Lactobacillus plantarum*、*Pyrobaculum aerophilum*、*Geobacillus thermodenitrificans*、*Salmonella typhimurium* 与 *Bacillus cereus* 中的菌株进行研究,利用生物信息学以及基因挖掘技术寻找新的 DERA 基因片段,并且对其进行基因修饰与基因改造,寻找新的酶源,开拓新的探索方向。

高密度发酵是指应用一定的发酵设备与发酵工艺来提高菌体生物量与目标产物效价的发酵技术,用于液体培养中细胞群体密度超过常规培养 10 倍以上时。该技术最早应用于酵母细胞的培养以提高生物量,后来拓展到使用基因工程菌作为表达系统,提高菌体生物量或者提高表达产物效价。一般来说,细胞在发酵液中的密度接近理论值的培养为高密度培养。经过计算,以大肠杆菌为例,Riesenbere 认为理论上大肠杆菌发酵所能达到的最高菌体密度是 400g/L,考虑到发酵设备、生产工艺过程中温度、pH 等种种条件限制,Markel 等认为最高菌体密度为 200g/L,发酵液黏度很高,溶解氧受限,对于生长条件很难控制的极端微生物,其细胞密度达到数克每升也可以理解为高密度发酵。

如何提高细菌中 DERA 产量已经成为研究者关注的热点。本实验旨在通过 DERA 基因的克隆及其在大肠杆菌中的高活性表达,达到提高 DERA 产量的目的,同时还可以缩短发酵周期,减少水电费用,降低生产成本,该路线如图 23-1 所示。

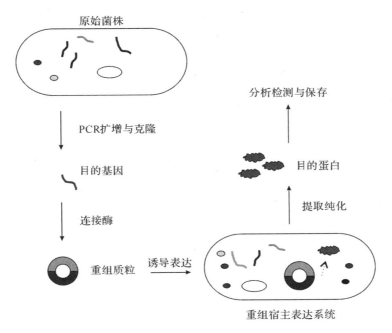

图 23-1　目的蛋白的高密度表达路线

(一)利用 PCR 技术体外扩增 DERA 基因

DNA 的半保留复制是生物进化和传代的重要途径(图 23-2)。双链 DNA 在多种酶作用下可以变性解链成单链,在 DNA 聚合酶和启动子的参与下,根据碱基互补配对原则复制成两分子的拷贝。DNA 在高温时也能变性解链,当温度降低后又可以复性成双链。因此通过温度变化控制 DNA 的变性与复性,并设计引物做启动子,以及加入 DNA 聚合酶、dNTP 就可以完成特定基因的体外复制。

PCR 扩增的反应体系、循环参数是非常重要的。PCR 反应体系包括引物、底物 dNTP(4 种脱氧核苷三磷酸)、Mg^{2+}、模板、DNA 聚合酶、反应缓冲液。引物(primer)是指两段与待扩增目的 DNA 序列侧翼片段具有互补碱基特异性的寡核苷酸(oligonucleotide)。dNTP 提供 PCR 反应的原料和能量。循环参数:PCR 扩增是由变性、退火(复性)、延伸 3 个步骤反复循环实现的。变性(denaturation)的条件是高温短时,一般是 94℃,0.5~1min。对 GC 含量较高的目的基因 DNA 序列,宜用较高的温度,若变性不充分,会影响 PCR 产物产量,反之过度变性(温度过高、时间过长)会加快酶的失活。退火(annealing)的温度和时间取决于引物的长度、碱基组成以及在反应体系中的浓度,一般退火温度低于扩增引物的解链温度(melting temperature,T_m)5℃。延伸(extension)的温度取决于 DNA 聚合酶的最适温度,一般使用 Taq DNA 聚合酶,温度为 72℃。延伸的时间取决于目的序列的长度、浓度和延伸温度,目的序列越长、浓度越高、延伸温度越低,则所需的延伸时间越长,反之所需时间越短。延伸时间过长会导致产物非特异性增加。

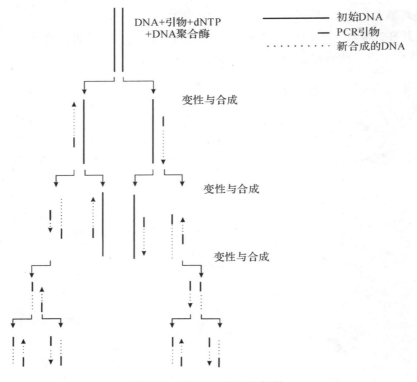

图 23-2　DNA 的半保留复制

(二)PCR 电泳产物的回收与 TA 克隆

　　TA 克隆方法即利用 Taq 聚合酶具有的末端连接酶的功能,在每条 PCR 扩增产物的 $3'$-端自动添加一个 $3'$-A 突出端(图 23-3)。利用生物技术公司提供的 T 载体,直接高效地连接 PCR 产物。所以 TA 克隆不需使用含限制酶序列的引物,不需将 PCR 产物进行优化,不需把 PCR 产物做平端处理,不需在 PCR 扩增产物上加接头,即可直接进行克隆。

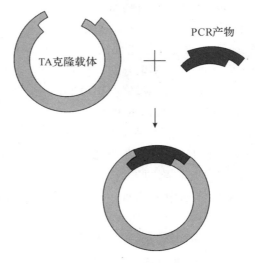

图 23-3　TA 克隆方法示意图

载体和片段的比例是影响克隆效果的最大因素。通常来说,载体与片段的起始摩尔比为 1∶1。也可以在 3∶1 到 1∶3 的范围内进行优化,选择最佳的比例。计算方法如下:

$$PCR 产物＝(载体×片段大小)/载体大小 \tag{23-1}$$

(三)阳性转化子的蓝白斑筛选

受体细胞经过 $CaCl_2$ 处理后,细胞膜的通透性发生了暂时性的改变,成为能允许外源 DNA 分子进入的感受态细胞。进入受体细胞的 DNA 分子通过复制、表达,实现遗传信息的转移,使受体细胞出现新的遗传性状。将经过转化后的细胞在筛选培养基中培养,即可筛选出转化子,即带有异源 DNA 分子的受体细胞。转化子利用 α-互补现象进行筛选。β-半乳糖苷酶基因($lacZ$)上缺失近操纵基因区段的突变体与带有完整的近操纵基因区段的 β-半乳糖苷酸阴性突变体之间实现互补的现象叫 α-互补。

载体上带有 $lacZ$ 基因的调控序列和 β-半乳糖苷酶 N 端 146 个氨基酸的编码序列。这个编码序列中插入了一个多克隆位点,但并没有破坏 $lacZ$ 基因的阅读框,不影响其正常功能。宿主细胞带有 β-半乳糖苷酶 C 端部分序列的编码信息。这种由 α-互补产生的 Lac^+ 细菌较易识别,它在生色底物 X-Gal(5-溴-4-氯-3-吲哚-β-D-半乳糖苷)存在的情况下会被 IPTG (异丙基硫代-β-D-半乳糖苷)诱导,形成蓝色菌落。当外源片段插入载体质粒的多克隆位点后,读码框架会改变,使表达的蛋白失活,产生的氨基酸片段失去 α-互补能力。因此在同样条件下,含重组质粒的转化子在生色诱导培养基上只能形成白色菌落。

(四)DNA 限制性内切酶处理与 DNA 连接

限制性核酸内切酶(简称限制性内切酶)是在研究细菌对噬菌体的限制和修饰现象中发现的。细菌细胞内同时存在一对酶,分别为限制性内切酶(限制作用)和 DNA 甲基化酶(修饰作用)。它们对 DNA 底物有相同的识别顺序,但生物功能却相反。由于细胞内存在 DNA 甲基化酶,它能对自身 DNA 上的若干碱基进行甲基化,从而避免了限制性内切酶对其自身 DNA 的切割破坏,而受到感染的外来噬菌体 DNA 因无甲基化而被切割。

限制性内切酶对环状质粒 DNA 有多少个切口,就能产生多少个酶解片段。因此通过鉴定酶切后的片段在电泳凝胶中的区带数,就可以推断质粒 DNA 上酶切口的数目,从片段的迁移率可以大致判断酶切片段的差别。用已知相对分子质量的线状 DNA 作为对照,通过电泳迁移率的比较,可以粗略地测出分子形状相同的未知 DNA 的相对分子质量。本实验原理是:DNA 分子碱基序列能够被特定的限制性内切酶识别并切割,在合适的缓冲体系和反应温度时,用限制性内切酶处理质粒可以将目的片段从载体上切割下来,然后在琼脂糖凝胶中进行分离,具有相同黏性末端的 DNA 片段在 DNA 连接酶的作用下可以连接起来。

(五)重组质粒导入表达菌株

此过程又称为转化。经 $CaCl_2$ 法制备的感受态细胞膜的通透性发生改变,外源 DNA 附着于细胞膜表面,经 42℃ 短时间热击处理,可促进细胞吸收 DNA 复合物。

如果转化反应中的所有感受态细胞都能在琼脂平板上生长,则会形成成千上万甚至上百万的克隆,且大多数克隆中都不含有质粒,转化将是无效率的。可见需要一种筛选含有质粒的克隆的方法。这通常是利用质粒载体携有某一抗生素抗性基因来实现的,例如 β-内酰胺酶基因(Amp^r)对对氨苄青霉素抗性。若将转化的细胞涂布于含氨苄青霉素的平板上,则只有那些含有被转化质粒,从而表达 β-内酰胺酶的细胞才能生存并生长增殖。这样可以确定,转化后在氨苄青霉素平板上形成的克隆都是从携有完整 β-内酰胺酶基因质粒的单个细

发酵工程实验

胞增殖而成的。在多数情况下,如 DNA 文库的筛选,有必要从成千上万甚至上百万的克隆中筛选出目标克隆。在单一亚克隆实验中,要求实验设计充分体现重组子克隆的产率,例如可采用碱性磷酸酶处理载体。通常的筛选方法是分别从若干克隆中制备质粒 DNA,然后用琼脂糖电泳进行分析。转化 *E. coli* 细胞的过程如图 23-4 所示。

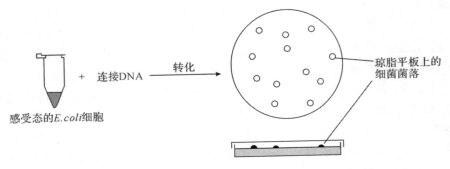

图 23-4　转化 *E. coli* 细胞后单克隆的形成(Turner,2000)

本实验采用 *E. coli* BL21 菌株感受态细胞,将重组质粒转化宿主细胞。将转化后的全部受体细胞经过适当稀释,涂布在含氨苄青霉素的平板培养基上培养,只有转化体才能存活,而未转化的受体细胞则因无抵抗氨苄青霉素的能力而死亡。

(六)重组蛋白的高密度发酵及诱导表达

高密度培养技术最早应用于酵母细胞的培养,用其提高生物量或者生产单细胞蛋白及乙醇。随着基因工程技术的发展与应用,构建基因工程菌后再采用高密度发酵技术,能够高活性表达外源基因。宿主菌的选择对外源基因的表达是至关重要的,外源基因在细菌中的表达往往不够稳定,常常被细菌中的蛋白酶降解,因此,有必要对细菌菌株进行改造,使其蛋白酶的合成受阻,从而使表达的蛋白得到保护。实验室常用的宿主菌是就经过改造的 JM109、BL21 等大肠杆菌菌株。

通常表达质粒不应使外源基因始终处于转录和翻译中,因为某些有价值的外源蛋白可能对宿主细胞是有毒的,外源蛋白的过表达必将影响细菌的生长。因此,宿主细胞的生长和外源基因的表达是分成两个阶段的,第一阶段是使含有外源基因的宿主细胞迅速生长,以获得足够量的细胞;第二阶段是启动调节开关,使所有细胞的外源基因同时高效表达,产生大量有价值的基因表达产物。

在原核基因表达调控中,阻遏蛋白与操纵基因系统起着重要的开关调节作用,阻遏蛋白与操纵基因结合会阻止基因的转录。加入诱导物后,诱导物与阻遏蛋白结合,解除阻遏,从而启动基因的转录。

三、实验器材

1. 实验材料

带有重组质粒的大肠杆菌 BL21,T 载体,dNTP,Taq 酶,超纯水,模板 DNA,引物(Primer 1 and 2,10mmol/L),琼脂糖,TBE 缓冲液,5k DNA marker;TBE 缓冲液(10×),上样缓冲液

（6×），溴化乙啶染色液（10mg/mL）；超纯水，50×TAE 电泳缓冲液，EB，琼脂糖；百泰克质粒提取试剂盒，X-gal，FastDigest *Nde* I，FastDigest *Xho* I，FastDigest *Bam*H I，DNA Ligation Kit；氨苄青霉素，IPTG，DH5α 等。

10μL 白枪头，200μL 黄枪头，1000μL 蓝枪头，封口膜，1.5mL EP 管，50mL 离心管，试管橡胶塞，一次性培养皿，一次性手套，塑料涂布棒，5mL 无菌注射器，0.22μm 水系滤器等。

2. 培养基

LB 培养基：胰蛋白胨 10g，酵母提取物 5g，氯化钠 5g，pH 为 7.0，水 1000mL。

3. 器皿和仪器

电泳仪电源，电泳槽，EB 染色槽，凝胶成像系统，微波炉，超净工作台，恒温摇床，恒温培养箱，制冰机，恒温水浴锅，电子天平，灭菌锅，1mL 移液枪，$20\sim200\mu$L 移液枪，$1\sim10\mu$L 移液枪等。

四、实验步骤

（一）利用 PCR 技术体外扩增 DERA 基因

1. PCR 扩增基因片段

自行设计引物，并联系公司合成引物，序列如下：上游：5′-CGGGATCCATGACTGAT CTGAAAGCAAGCA-3′，下游：5′-CGGAATTCCAGGCGTAAAGCATCTTA CTTA-3′。

在 Eppendorf 管（简称 EP 管）中按照表 23-1 加入各种成分。

表 23-1　PCR 反应体系

反应物	体积/μL
ddH$_2$O	35.4
DNA 样品	2
10×PCR 缓冲液	5
Taq 酶（5U/μL）	0.6
dNTP Mix（2mM）	5
引物 I（10～100pmol）	1
引物 II（10～100pmol）	1
总体积	50

反应物混合完全后置于 PCR 仪中，设定温度条件，预变性 97℃ 10min，变性 97℃ 15s，退火 60℃ 15s，延伸 72℃ 0.5min。上述反应 30 循环，终延伸 72℃ 7min。最后保存在 4℃。

2. 琼脂糖凝胶电泳检测

取 10μL PCR 扩增产物，进行琼脂糖凝胶电泳检测。

琼脂糖凝胶的制备：称取琼脂糖 1g，加入 100mL 0.5×TAE 缓冲液，在微波炉上加热溶

解,取出摇匀,配制成1%琼脂糖凝胶。

胶板的制备:用蒸馏水将制胶模具和梳子冲洗干净,将制胶板放置于水平位置,封闭模具边缘,架好梳子。倒入冷却至60℃左右的琼脂糖凝胶溶液。

冷凝后将梳子拨出,电泳胶放入电泳槽中。

向电泳槽中倒入电泳缓冲液,其量以没过胶面1mm为宜,如样品孔内有气泡,应设法除去。

加样:在DNA样品中加入10×PCR缓冲液(loading buffer),混匀后,用枪将样品混合液缓慢加入被浸没的凝胶加样孔内。

接通电源,红色为正极,黑色为负极,切记DNA样品由负极往正极泳动(靠近加样孔的端为负)。保持电流40mA。电泳结束后,用EB染色15min。

最后紫外灯下观察结果。

(二)PCR电泳产物的回收与TA克隆

1.琼脂糖凝胶电泳分离

按照上述实验步骤进行琼脂糖凝胶电泳。然后在紫外灯下,切下扩增条带,放入2mL离心管中,加入回收试剂盒提供的溶解缓冲液,再按照试剂盒的要求进行操作,最后用琼脂糖凝胶电泳检测回收结果。取5μL回收DNA进行琼脂糖凝胶电泳检测。电泳时,保持电流40mA。电泳结束后,用EB染色15min,紫外灯下观察结果。步骤参照利用PCR技术体外扩增DERA基因中的检测方法。

2.PCR产物的TA克隆

在微量离心管中配制下列DNA溶液,全量为5μL。所加成分及含量如表23-2所示。然后加入5μL(等量)的SolutionⅠ,16℃反应30min,4℃保存。

表23-2　所加试剂成分及含量

试剂	使用量
pMD18-T Vector * 1	1μL
Insert DNA	0.1~0.3pmol
ddH$_2$O	up to 5μL

(三)阳性转化子的蓝白斑筛选

1.连接产物转化感受态大肠杆菌

准备LB/氨苄/IPTG/X-Gal固体培养基,每板涂200mg/mL的IPTG和20mg/mL的X-Gal各40μL,室温下放置2~3h。在3个1.5mL离心管中分别加入2μL连接产物(标准反应、阳性对照、阴性对照)。从70℃冰柜中取出感受态细胞,冰浴中融化。将感受态细胞轻轻混匀,取40~50μL与连接产物混合。冰浴中放置20min。控制水浴温度恰好为42℃,热击75~90s,然后迅速转移至冰浴2min。

加入950μL LB液体培养基(不含氨苄),37℃摇床震荡培养1.5h。使受体菌恢复正常生长状态,并使转化体表达抗生素基因(Amp^r)产物。8000 r/min离心1min,除去上清液。沉淀用100μL LB回溶。将100μL菌液涂于培养基上(如果用玻璃棒涂抹,酒精灯烧过后稍微晾一下再用,不要过烫),菌液完全被培养基吸收后,倒置培养皿,于37℃恒温培养箱内培养过夜(12～16h)。

2. 阳性转化子的筛选

培养后培养皿上会长出蓝色和白色菌落,其中白色菌落为含有重组 DNA 质粒的菌落。用枪头挑取单菌落到装有含氨苄的 LB 的 10mL 试管中,过夜培养。然后进行菌种保存,取 600μL 的上述试管中的菌液于 EP 管,按照体积比 1∶1 加入 600μL 40% 的甘油,轻轻混匀,标记号日期、菌种名字、组别。放到 −80℃ 的冰箱保存。

3. TA 克隆质粒的提取

取 1～2mL 过夜培养的转化子菌液用于质粒的提取,具体提取方法见百泰克质粒提取试剂盒中步骤。

(四)DNA 限制性内切酶处理与 DNA 连接

1. DNA 片段的限制性酶切处理

(1)质粒的双酶切:用移液枪取酶切缓冲液 2μL 到 1.5mL EP 管中,依次加入上述 DNA 16μL,FastDigest *Nde* I 1μL,FastDigest *Xho* I 1μL,混合。37℃ 水浴 30min。

(2)琼脂糖凝胶的制备:称取琼脂糖 1g,加入 100mL 0.5×TAE 缓冲液,在微波炉上加热溶解,取出摇匀,配制成 1% 琼脂糖凝胶;将制胶板放置于水平位置,并放好样品梳子。倒入冷到 60℃ 左右的琼脂糖凝胶溶液。冷凝后将梳子拨出,电泳胶放入电泳槽中,并加入电泳缓冲液至电泳槽中。

(3)加样:用移液枪取上清样缓冲液,依次点 4μL 上样缓冲液在一次性手套上。再取样品溶液 20μL 左右,加入上样缓冲液中,混匀后,将溶液加到样品孔中,并记录好点样顺序。同时在另一样品孔中加入标准分子量 DNA。

(4)电泳:接通电泳槽与电泳仪的电源,最高电压不超过 5V/cm,电泳至溴酚蓝走到胶底部边缘时停止电泳。

(5)EB 染色及观察:电泳完毕,取出凝胶模具,将其浸入溴化乙啶(EB)染色液中,染色 15min 后将其推到一块干净的玻璃板上,于 254nm、300nm 或 360nm 波长紫外灯下观察,DNA 存在的位置呈现橘红色荧光条带,照相。

2. 酶切产物的切胶回收

取上述实验中从琼脂糖电泳中切下的酶切片段的条带(−20℃ 保存),加入回收试剂盒提供的溶解缓冲液。按照试剂盒的要求进行操作,回收目的片段。取 5μL 回收 DNA,琼脂糖凝胶电泳检测。保持电流 40mA。电泳结束后,用 EB 染色 15min,紫外灯下观察结果。

3. DNA 连接

取上述实验中回收的 DNA 片段 3μL,处理好的载体 DNA 片段 2μL,T4 连接酶及缓冲液 5μL,加入 PCR 管中,4℃ 过夜连接。

(五)重组质粒导入表达菌株

取 50μL 新鲜配制的感受态细胞,加入重组质粒 DNA 2μL 混匀,冰上放置 30min。将 EP 管放到 42℃ 水浴锅中,热激 90s。冰浴 2min。每管加 800μL 室温 LB 液体培养基(轻轻混匀),37℃ 温育 45min,200r/min。制作含 50μg/mL 氨苄的 LB 平板。将适当体积(50～200μL)已转化的感受态细胞均匀涂在 LB 平板上,晾至液体被吸收。倒置平皿 37℃ 培养 12～16h,出现菌落。待菌落生长良好而又未互相重叠时停止培养,计算转化率,并统计每个培养皿中的菌落数,各实验组培养皿内菌落生长状况应如表 23-3 所示。

表 23-3　培养皿内各实验组菌落的生长状况及结果分析

组别	不含抗生素平板	含抗生素平板	结果说明
受体菌对照组	有大量菌落长出	无菌落长出	本实验未产生抗药性突变株 DNA
对照组	无菌落长出	无菌落长出	质粒 DNA 溶液不含杂菌
转化实验组	有大量菌落长出	有菌落长出	质粒进入受体细胞便产生抗药性

由上表可知,转化实验组含抗生素平板上长出的菌落即为转化体,根据此数据可计算出转化体总数和转化频率,计算公式如下:

$$转化体总数 = 菌落数 \times 稀释倍数 \times (转化反应原液总体积/涂板菌液体积) \quad (23\text{-}2)$$
$$转化频率 = 转化总数/加入质粒 DNA 的质量 \quad (23\text{-}3)$$

再根据受体菌对照组不含抗生素平板上检出的菌落数,则可求出转化反应液内受体菌总数,进一步计算出本实验条件下,多少受体菌可获得一个转化体。

(六)重组蛋白的高密度发酵及诱导表达

种子制备:将含有 pET28c 重组子的 BL21 菌落接种于装有 2mL 含氨苄的 LB 培养基的试管中,37℃震荡过夜培养。分别取 2mL 培养液,按照 1% 接种量接种于含有氨苄抗性的 LB 液体三角瓶中。37℃震荡培养 2~3h,并注意观察生长周期。在培养 3h 之后从三角瓶取样 1mL,用分光光度计测量 OD_{600}(OD 值应达到 0.6),观察大肠杆菌的生长情况。当 OD_{600} 未达到 0.6 时,继续培养和取样检测,注意大肠杆菌的理论倍增时间为 20min。OD 值达到 0.6 时,取出 1mL 样品作为 IPTG 诱导前的样品,−20℃保存。其余样品,根据指导教师要求加入 IPTG 诱导剂,1 个三角瓶/组。三角瓶放回摇床,同时将培养温度调到 28℃,继续培养 3h。将培养液收集到离心管,5000~10000r/min 离心 5~10min,倾倒上清液,收集菌体沉淀。菌体沉淀可以在 −20℃保存或立即进行纯化。

五、实验报告

1. 实验结果

重组菌株 *E. coli* JM109(pMD18-T-DERA)高密度发酵过程中,将其生长情况记录到表 23-4 中。

表 23-4　重组菌株 *E. coli* JM109 高密度发酵记录

诱导时间/h	发酵液 OD_{600} 值	DERA 表达量/%
0		
1		
2		
3		

请将发酵结束后 DERA 的聚丙烯酰胺凝胶电泳图附在下面。

2. 思考题

(1)如何确保外源基因在宿主中正常表达?

(2)除了采用大肠杆菌等原核微生物表达 DERA 外,还有其他可以选择的宿主菌吗?

六、实验拓展

某生产抗生素的工厂在发酵生产卡那霉素时发现异常情况,主要表现为:发酵液变稀,菌体自溶,氨态氮上升,你认为可能原因是什么? 如何证实你的判断是否正确?

（钟传青）

第 4 篇
研究性实验

实验 24　产 γ-氨基丁酸菌株的分离筛选、发酵及产物测定

一、目的要求

1. 筛选产 γ-氨基丁酸菌株，进行发酵并测定发酵液中 γ-氨基丁酸的含量；
2. 了解菌株的自然选育的方法。

二、基本原理

　　γ-氨基丁酸(γ-aminobutyricacid，GABA)又名 4-氨基丁酸，是一种非蛋白质氨基酸，它是哺乳动物中枢神经系统中一种主要的抑制性神经递质，广泛存在于原核生物和真核生物中。大量研究表明：GABA 具有降血压、增强记忆力、活化肾功能、改善肝功能、防治肥胖、营养神经细胞等作用。目前 GABA 在医药方面得到了广泛应用，同时作为一种新型功能性因子，也已逐步应用于食品、保健、化工及农业等行业。

　　GABA 的制备有化学反应法和生物发酵法。化学反应法速度快、得率高，但成本较高，安全性差。而生物发酵法是一种安全性好、成本低、产率高的方法，是利用安全的微生物，如某些酵母菌、乳酸菌和曲霉菌以谷氨酸或其盐[谷氨酸钠(MSG)]或富含谷氨酸的物质等为原料发酵生产 GABA。谷氨酸脱羧酶是 GABA 合成过程中唯一的关键限速酶，底物谷氨酸对它有激活作用。微生物细胞转化 L-谷氨酸生成 GABA，GABA 分泌到胞外可使得培养基 pH 值降低，因此可利用溴甲酚紫作为指示剂。当培养基的 pH 值低于 5.2 时，溴甲酚紫由紫色变为黄色，因而可以作为快速筛选 GABA 生产菌株的方法。

　　与其他多数氨基酸一样，GABA 没有紫外或荧光吸收，很难直接检测。但是，GABA 经衍生反应后会形成具有紫外或荧光吸收的物质，从而可以采用高效液相色谱法精确测定发酵液中 GABA 的浓度。邻苯二甲醛(OPA)是目前使用得最广泛的衍生物质。在碱性条件下，OPA 与巯基乙醇和伯胺类物质可迅速反应，生成 1-硫代-2-烷基异吲哚衍生物，此衍生物有荧光和紫外吸收。

三、实验器材

1. 实验材料

牛肉膏,酵母膏,蛋白胨,葡萄糖,吐温-80,溴甲酚紫,碳酸钙,琼脂,酪蛋白胨,柠檬酸氢二铵,乙酸钠,磷酸二氢钾,硫酸镁,硫酸锰,胰蛋白胨,丁二酸钠,L-谷氨酸,$NaH_2PO_4 \cdot H_2O$,$Na_2HPO_4 \cdot 7H_2O$,OPA 衍生剂,均为常规分析纯试剂。

甲醇和四氢呋喃均为色谱纯试剂。

2. 培养基

筛选培养基:牛肉膏 10g/L,酵母膏 10g/L,蛋白胨 10g/L,葡萄糖 5g/L,吐温-80 0.5g/L,番茄汁 200g/L,溴甲酚紫 0.2g/L,碳酸钙 20g/L,琼脂 20g/L,pH6.5。

MRS 固体培养基:酪蛋白胨 10g/L,牛肉膏 10g/L,酵母膏 5g/L,柠檬酸氢二铵 2g/L,葡萄糖 20g/L,吐温-80 10g/L,乙酸钠 2g/L,磷酸二氢钾 2g/L,硫酸镁 0.58g/L,硫酸锰 0.25g/L,琼脂 20g/L,pH6.8。

TYG 液体培养基:胰蛋白胨 5g/L,酵母膏 5g/L,葡萄糖 10g/L,丁二酸钠 5g/L,pH6.5。

种子培养基:MRS 液体培养基。

发酵培养基:向 TYG 液体培养基中加入 1% 的 L-谷氨酸。

3. 器皿和仪器

移液器,离心机,烘箱,722 型分光光度计,高效液相色谱仪,C18 ODS 反相柱(250mm×4.6mm,5μm),紫外检测器。

四、操作步骤

1. 溶液配制

磷酸缓冲液:A 液(0.1mol/L 磷酸二氢钠水溶液):$NaH_2PO_4 \cdot H_2O$ 13.8g,溶于蒸馏水中,定容至 1000mL。B 液(0.1mol/L 磷酸氢二钠水溶液):$Na_2HPO_4 \cdot 7H_2O$ 26.8g(或 $Na_2HPO_4 \cdot 12H_2O$ 35.8g 或 $Na_2HPO_4 \cdot 2H_2O$ 17.8g)溶于蒸馏水中,定容至 1000mL。

取 420mL A 液和 80mL B 液混合,获得 0.1mol/L pH6.0 的磷酸缓冲液。

流动相:以 26:23:1 的体积比混合 0.1mol/L 磷酸缓冲液(pH 值为 6.0)、甲醇(色谱纯)和四氢呋喃(色谱纯),经 0.22μm 微孔滤膜过滤后超声脱气 10min。

2. 样品制备

分别取 0.5g 土壤、酸奶、酸菜样品于试管中,加入 10mL 无菌生理盐水,震荡混匀。将不同样品分别稀释至 10^{-6},10^{-7} 和 10^{-8}。

注意:土壤、酸奶、酸菜样品采集后应马上分离,以免微生物死亡。采集土壤样品时用采样铲将表层 5cm 左右的浮土除去,取 5~25cm 处的土样。

3. 平板倾注

吸取稀释液各 0.5mL 于已灭菌的平皿中,然后倒入冷却至 50℃ 左右的筛选培养基中混匀,凝固后置于 30℃ 培养 48h。

4. γ-氨基丁酸生产菌株的初筛

挑取筛选平板上菌落周围颜色为黄色的菌落,初步确定其为乳酸菌。以划线法在 MRS 培养基平板上分离纯化,30℃ 培养 48h 后获得单菌落。

5. γ-氨基丁酸生产菌株的复筛

(1)250mL 三角瓶中装入 50mL 种子培养基,从 MRS 平板上挑取单菌落接种至种子培养基中,30℃ 静置培养 16h;

(2)250mL 三角瓶中装入 50mL 发酵培养基,以 3% 的接种量接入种子液,30℃ 静置培养 24h,获得发酵产物;

(3)取一定体积的发酵液,采用纸层析法测定发酵液中 GABA 的浓度(见实验 7-2),筛选获得 GABA 生产菌株。

6. γ-氨基丁酸的发酵

(1)接种 GABA 生产菌株至 MRS 平板上划线,30℃ 静置活化培养 24h;

(2)接 2～3 环活化菌种至装有 50mL 种子培养基的 250mL 三角瓶中,30℃ 静置培养 24h;

(3)500mL 三角瓶中装入 200mL 发酵培养基,以 3% 的接种量接入种子液,30℃ 静置培养 48h;

(4)在发酵开始后每隔 4h 取样 3mL;

(5)测定发酵不同时间培养基中的残糖含量,绘制糖耗曲线;

(6)测定发酵不同时间的菌体浓度(g/mL),绘制菌体生长曲线;

(7)测定发酵不同时间的 GABA 产量,绘制 GABA 合成曲线。

注意:在利用目标菌株发酵生产 GABA 的过程中,要注意规范的无菌操作,避免污染杂菌导致实验失败。

7. HPLC 精确测定发酵液中 γ-氨基丁酸的含量

(1)GABA 标准曲线的制备:按照表 7-4,分别配制 1～7 号 GABA 标准液样品,用 $0.22\mu m$ 滤膜过滤;

(2)取上述 $100\mu L$ 经预处理的各待测样品,分别加入 $100\mu L$ 的 OPA 衍生剂,混合 90s;

(3)取 $20\mu L$ 进样,HPLC 分析条件为:检测器波长为 338nm,色谱柱温度为室温,流动相流速为 1mL/min;

(4)以峰面积为纵坐标、质量浓度为横坐标绘制标准曲线,获得回归方程;

(5)发酵液样品的预处理:将发酵液先冷冻离心 10min(10000r/min)以除去菌体,上清液经 $0.22\mu m$ 滤膜过滤,稀释数倍后用于 GABA 质量浓度测定;

(6)取发酵上清液 $100\mu L$ 加入 $100\mu L$ 的 OPA 衍生剂,混合 90s 后取 $20\mu L$ 进样分析,记录吸收峰面积,每个样品做三个平行实验,取三次测定结果的平均值。根据标准曲线计算获得发酵液中 GABA 的浓度。

五、实验报告

1. 实验结果

(1)按上述方法,从土壤、酸奶、酸菜样品中进行筛选 GABA 生产菌株,对获得的目标菌株进行编号,观察菌落形态并记录在表 24-1 中。

表 24-1　GABA 生产菌株的初筛结果

菌株编号	来源	菌落形态
1		
2		
3		
4		
5		
6		

(2)将筛选得到的目标菌株分别进行液体发酵培养,进行复筛。利用纸层析法测定发酵液中的 GABA 浓度,分别记录在表 24-2 中。每个菌株的发酵做三个重复的平行实验,计算获得的三个平行发酵液样品中 GABA 浓度的平均值,即为该菌株发酵生产 GABA 的产量。筛选出 GABA 高产菌株,用于进一步发酵实验。

表 24-2　GABA 生产菌株的复筛结果

菌株编号	GABA 产量/(μg · mL^{-1})			
	平行样 1	平行样 2	平行样 3	平均值
1				
2				
3				
4				
5				
6				

(3)按上述方法将筛选获得的 GABA 高产菌株用于发酵实验,在发酵的不同时间分别取样,测定发酵液中的菌体浓度、残糖含量和 GABA 含量。菌株发酵做三个重复的平行实验,分别计算获得三个平行发酵液样品中菌体浓度、残糖含量和 GABA 含量的平均值,记录在表24-3中。根据测定的数据采用 Excel 软件分别绘制糖耗曲线、菌体生长曲线和 GABA 合成曲线。

表 24-3 GABA 生产菌株的发酵实验结果记录

时间/h	残糖含量/(g·mL⁻¹)				菌体浓度/(g·mL⁻¹)				GABA 含量/(μg·mL⁻¹)			
	平行1	平行2	平行3	平均	平行1	平行2	平行3	平均	平行1	平行2	平行3	平均
4												
8												
12												
16												
20												
24												
28												
32												
36												
40												
44												
48												
52												

2. 思考题

(1)试比较纸层析法和 HPLC 法测定发酵液中 GABA 的优缺点。

(2)根据发酵过程中菌体生长曲线、GABA 合成曲线分析 GABA 合成与菌体生长的关系(偶联、非偶联、部分偶联)。

六、实验拓展

试根据发酵过程中菌体生长、糖耗和 GABA 合成曲线,设计一个补料工艺以提高 GABA 的产量。

(于 岚)

实验 25　透明质酸的发酵

一、目的要求

1. 掌握马疫链球菌发酵生产透明质酸的基本原理；
2. 熟悉马疫链球菌发酵生产透明质酸的过程参数控制；
3. 学习透明质酸的检测方法。

二、基本原理

　　透明质酸(hyaluronic acid,HA)又名玻璃酸,是一种线性大分子黏多糖,与水分子结合后可以形成具有弹性的物质,广泛存在于生物体的结缔组织和皮肤中,是目前公认最好的保湿剂,被国际化妆品行业视为最理想的天然保湿因子。另外,HA 具有极好的弹性和润滑作用,被作为填充剂用于白内障、青光眼和角膜移植等眼科手术中。HA 具有天然黏多糖共有的性质:无定形固体,呈白色,无臭无味,溶于水,不溶于有机溶剂,以及具有很强的吸湿性。目前,HA 主要应用于临床诊断治疗、化妆品和食品保健品等方面。

　　HA 是由 N-乙酰葡萄糖胺和葡萄糖醛通过 β-1,4 和 β-1,3 糖苷键交替连接而成的一种高分子聚合物,分子量在几万至数百万之间,分子中两种单糖的摩尔比为 1:1,其结构如图 25-1 所示。HA 的结构非常规则,不同动物组织和细菌的 HA 无种属差异,对人类无抗原性。商品 HA 一般为钠盐形式,分子量不均一,其范围为 $2.0 \times 10^5 \sim 7.0 \times 10^6$,属于生物大分子。

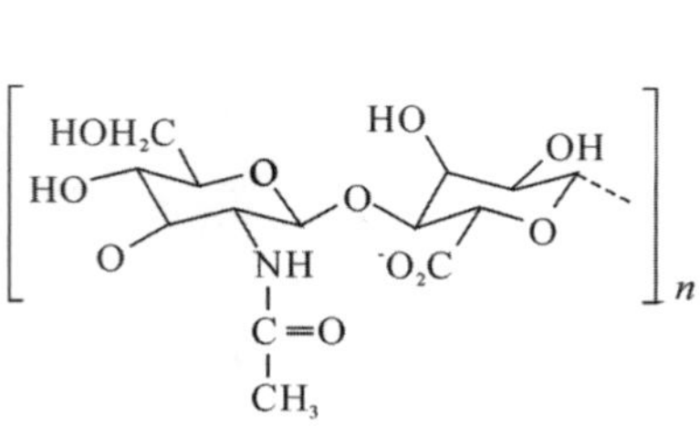

图 25-1　HA 的结构式

　　20 世纪 70 年代,研究者开始用微生物发酵生产 HA,该方法与动物组织提取法相比具有明显的优势,主要表现在原料来源易于控制、生产成本低、适合规模化生产等方面。链球菌为生产 HA 的厂主要微生物,分为 A 群和 C 群两类。A 群致病性较强,一般不作为 HA 的生产菌株;C 群致病性较弱,工业中采用此类生产 HA,主要包括马疫链球菌(*Streptococcus equi*)、兽疫链球菌(*Streptococcus zooepidemicus*)和类马疫链球菌(*streptococcus equi*s sp.)等。HA 在链球菌细胞中的合成路线:葡萄糖经糖酵解(EMP)途径形成 6-磷酸果糖,在酶的作用下形成 6-磷酸葡萄糖胺,进而合成尿苷二磷酸-N-酰基-氨基葡萄糖(UDP-GlcNAc);而尿苷二磷酸-葡萄糖醛(UDP-GlcA)是通过糖醛酸途径合成的(图 25-2)。

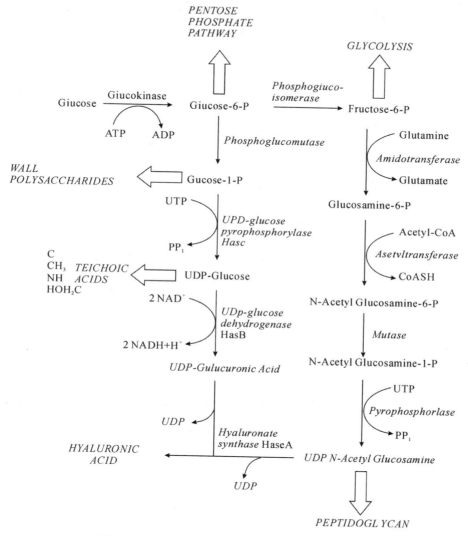

图 25-2　链球菌细胞中透明质酸的生物合成途径

三、实验器材

1. 实验材料

马疫链球菌,葡萄糖,蛋白胨,酵母抽提物,牛肉浸粉,心脑浸粉,柠檬酸三铵,无水乙醇,

琼脂粉,氢氧化钠,氯化钠,磷酸二氢钾,磷酸氢二钠,硫酸镁,硫酸锰和十六烷基三甲基溴化铵(CTAB)。

2. 培养基

(1)斜面培养基:葡萄糖 1.5g/L,心脑浸粉 4.0g/L,酵母抽提物 10.0g/L,MgSO₄·7H₂O 0.5g/L,琼脂粉 20g/L,pH7.0,121℃灭菌 15min。

(2)种子培养基:葡萄糖 5.0g/L,蛋白胨 8.0g/L,酵母粉 10.5g/L,磷酸二氢钾 2.0g/L,磷酸氢二钠 1.0g/L,MgSO₄·7H₂O 0.5g/L,pH7.0,121℃灭菌 15min。

(3)发酵培养基:葡萄糖 40.0g/L,蛋白胨 16.0g/L,酵母粉 10.5g/L,磷酸二氢钾 2.0g/L,磷酸氢二钠 1.0g/L,MgSO₄·7H₂O 1.5g/L,pH7.0,121℃灭菌 15min。

3. 器皿和仪器

超净工作台,AB 104-N 电子天平,恒温培养箱,ZHWY-211C 恒温振荡培养箱,SS-325 全自动高压蒸汽灭菌锅,紫外可见分光光度计,NLF 5L 发酵罐(瑞士比欧生物工程公司)。

四、实验操作

1. 菌种活化与培养

将马疫链球菌保藏液(−80℃)划线于斜面培养基上,置于恒温 37℃培养箱中,静置培养 24h。在无菌操作台中,取斜面培养的菌种,接种于新鲜的种子培养中,置于恒温振荡培养箱内,200r/min,37℃条件下,培养 14h。

2. 透明质酸的发酵

(1)清洗发酵罐,配制发酵培养基 3L 装入发酵罐中,于 115℃条件下离位灭菌 20min,灭菌结束后及时通入无菌空气,保证发酵罐中维持正压,防止环境中杂菌侵入(关键),并在夹套中通入循环水,将发酵培养基冷却至 37℃左右。

(2)在无菌条件下接入种子培养基,接种量为 10%,设置搅拌转速、通气量、培养温度等参数。在发酵过程中,每隔 2 小时取样,测定菌体密度、HA 浓度和葡萄糖浓度。

(3)发酵结束后,移出发酵液,彻底清洗发酵罐,将实验相关设备复原。

3. 分析方法

(1)菌体量分析:细胞密度采用紫外分光光度计法,将发酵液离心后收集菌体,用生理盐水洗涤两次,然后重悬于生理盐水中,在波长 650nm 下测定菌体的光密度(OD$_{650}$)。

(2)透明质酸含量测定:采用 CTAB 法测定发酵液中透明质酸的含量。

标准曲线的制备:取 1mL 不同浓度的 HA 标准溶液(20,40,60,80,100,120,140,160μg/mL),准确加入 2mL CTAB(5g/L)溶液,轻轻振摇后静置 10min,于 400nm 波长下测定吸光光度(A_{400})。以 HA 浓度为纵坐标,A_{400} 为横坐标,制作标准曲线。

发酵液中 HA 的测定:取发酵液 6mL,5000r/min 离心 5min,去除菌体;准确量取离心后上清液 5mL,加入 2 倍体积的无水乙醇,在室温下沉淀 1h;再一次 5000r/min 离心 5min,倾倒除去上清液后获得沉淀;准确加入 5mL 去离子水溶解沉淀,加入 10mL CTAB 溶液,轻轻振荡,然后静置 10min,于 400nm 波长下测定吸光光度(A_{400}),计算 HA 浓度。

五、实验报告

1. 实验结果

(1)透明质酸标准曲线的制作:测定不同浓度透明质酸管号在 400nm 波长的吸光值(A_{400}),每组实验重复三次,分别记录于表 25-1 中的 x_1,x_2 和 x_3,并计算吸光度值取平均值($\overline{x}$)。利用 Excel 软件,以透明质酸浓度为纵坐标,以吸光值为横坐标绘制标准曲线,获得回归方程。

表 25-1　葡萄糖标准曲线

管号	x_1	x_2	x_3	$\overline{x}$
1				
2				
3				
4				
5				
6				
7				
8				

(2)于表 25-2 中记录实验过程中,菌体密度、葡萄糖和 HA 浓度的变化。

表 25-2 透明质酸发酵罐过程记录

发酵时间/h	葡萄浓度/(g·L^{-1})	OD$_{650}$	HA 浓度/(g·L^{-1})
0			
2			
4			
6			
8			
10			
12			
14			
16			
18			
20			
22			
24			

(3)根据表 25-2 中实验数据,以发酵时间为横坐标,葡萄糖浓度、菌体密度和 HA 浓度为纵坐标,绘制发酵过程曲线。

2. 思考题

(1)计算 HA 发酵过程中马疫链球菌的细胞得率和透明质酸的转化率。

(2)绘制葡萄糖消耗、细胞生长和透明质酸生产曲线,分析三者内在的变化规律,建立细胞生长代谢规律的数学模型。

六、实验拓展

(1)思考透明质酸的提取方法,以及其分子量的测定方法。

(2)思考其他测定发酵液中透明质酸含量的方法,并与本实验方法进行比较。

(3)思考透明质酸分子的测定方法。

(裴晓林)

实验 26　灵菌红素的发酵制备

一、目的要求

1. 掌握次级代谢物的发酵工艺；
2. 了解红色素生产菌沙雷氏菌的生长特性。

二、基本原理

天然色素与化学合成色素相比，具有安全性高、无毒、色泽自然鲜艳等特点，有一定的营养价值和药理保健作用，这使天然色素市场需求量大幅度增加。目前大多数天然色素来源于植物，但由于植物生长周期长且受季节、气候、产地等因素的影响，提取工艺复杂，致使天然色素价格昂贵，推广应用受到局限。开发新品种的天然色素，探索新的天然色素来源，对原有天然色素的生产工艺进行改进，扩大天然色素的应用范围，降低天然色素的生产成本，已成为生产中迫切需要解决的问题。

灵菌红素（prodigiosins）是由多种微生物产生的一类具有重要生物活性的次级代谢产物。灵菌红素通常都含有 3 个吡咯环组成的甲氧基吡咯骨架结构（图 26-1）。它具有抗细菌、抗疟疾、抗真菌、抗原生动物和自身免疫抑制活性（如可抑制迟发型超敏反应和器官移植后的宿主排斥反应等）等特点，另外发现灵菌红素在极低的浓度下（十亿分之一的浓度），能快速杀死导致赤潮的大部分浮游生物，在水体污染的治理方面显示出巨大的威力，再加上其抗癌和引起癌细胞凋亡等生物功能，因而得到越来越多的研究者的关注。

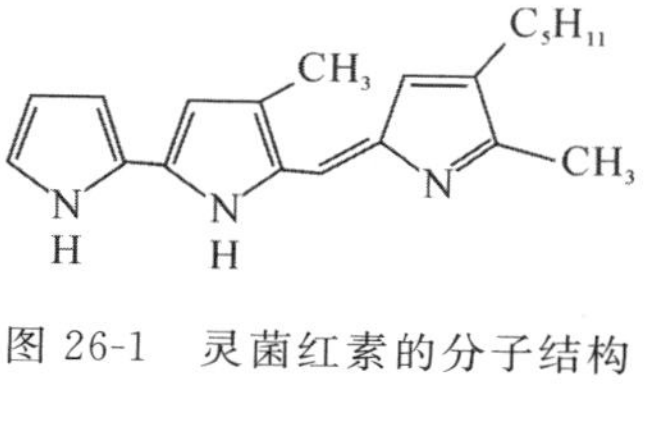

图 26-1　灵菌红素的分子结构

三、实验器材

1. 实验材料

黏质沙雷氏菌(*Serratia marcescens*)。

2. 培养基

LB 培养基:酵母粉 5g/L,蛋白胨 10g/L,NaCl 10g/L,pH7.0,琼脂 12g/L。

发酵培养基:蛋白胨 13g/L,甘油 20g/L,$MgSO_4$ 1.2g/L,NaCl 5.0g/L,Gly 2.0g/L。

3. 器皿和仪器

恒温振荡培养器,发酵罐,三角瓶。

四、操作步骤

(一)种子培养

取 8 只 250mL 三角瓶,分别加入 50mL 发酵培养基。用 8 层纱布包扎瓶口,再加牛皮纸包扎。置于 121℃灭菌 20min。将平板上活化菌株的单菌落,转接到 250mL 三角瓶中,37℃,150r/min,培养过夜。

(二)发酵培养

1. 材料与仪器的准备

培养基的准备:根据培养基配方和发酵体积需要,准确称取培养基各组分,溶入相应体积的水中后定容为 7L,调节 pH 值为 7.0 后备用。

发酵罐的准备:用热水清洗发酵罐;检查发酵罐各部件运行状态,主要包括发酵罐体和空气系统的气密性、电机的运转、空气压缩机的运转、蒸汽发生器的工作、上位机的控制系统、各控制阀的工作状态。

经检修和维护,发酵系统能正常运行后,启动发酵罐、蒸汽发生器和空气压缩机,将配制好的培养基装入发酵罐中,盖紧。

2. 发酵罐的灭菌操作

发酵罐采用就地蒸汽灭菌,所需蒸汽压力应在 0.2~0.3MPa,蒸汽用量为 8~10kg/h。系统的灭菌包括发酵罐培养基的灭菌、空气过滤器及空气管道的灭菌,以及取样阀的灭菌。为保证培养液的浓度,一般采用夹套间接蒸汽灭菌。灭菌操作过程大致如下:

先把所有供水管路及空气管路关闭。开启蒸汽管路阀门,同时稍开启发酵罐夹套的排气阀门,把剩水排放掉。此时发酵罐的转速可在 200r/min,使发酵液受热均匀。当温度升到 95℃以上时,即可停止搅拌。然后待温度升至 121℃(罐压在 0.1~0.12MPa)时即可计时开始。根据培养基的性质确定发酵时间,一般为 30min。此段时间内应保证温度不低于 120℃。当计时开始后,可进行空气过滤器及空气管道的灭菌。做法是稍开过滤器的排水阀门和空气管道的隔膜阀,保证空气管道的蒸汽灭菌。但不能开得太大,以免蒸汽大量进入罐内,而稀释培养基。

与此同时,还可将出料、采样阀的蒸汽阀门及出口阀稍开,保证该管路灭菌。发酵罐盖上的接种口,同样需要放蒸汽,以使其达到灭菌要求。

当保温结束时,应先把空气管路中的隔膜阀关闭,把空气过滤器排水阀关闭,并关闭取样阀出口阀门和接种口螺帽,再关闭各路蒸汽阀门。接着打开冷却水阀门及排水阀门,同时打开空气流量计和空气放空阀门,把空气过滤器吹干。此时必须注意罐压的变化。绝对不能让罐压低于 0.02MPa。当罐压达到 0.05MPa 时,立即将空气管路打开,保证发酵罐的罐压在 0.05MPa 左右。当温度降到 95℃时,即可打开搅拌。温度可切入自动控温状态,使培养基达到接种温度,灭菌过程即告结束。

为此,操作人员必须充分熟悉管路及阀门的作用,仔细操作,以免不必要的失误。

3. 接种

在灭菌过程结束,温度控制恒定在发酵温度后,即可接种。发酵罐的接种方法可采用火焰接种法或差压接种法。火焰接种法是在接种口用酒精火圈消毒,然后打开接种口盖,迅速将接种液倒入罐内,在把盖拧紧。若采用差压接种法,则可在灭菌前放入垫片。在接种时把接种口盖打开,先倒入一定量的酒精消毒。片刻后,把种液瓶的针头插入接种口的垫片。利用罐内压力和种液瓶内的压力差,将种液引入罐内,接种完后拧紧盖子。按照 1%～5%接种量将菌种接入发酵罐。

4. 发酵过程控制

(1)罐压:在发酵过程中须控制罐压,利用手动控制方式即用出口阀控制罐内压力。所以调节空气流量的时候,必须同时调节出口阀,以保持罐内压力恒定。罐压应保持在 0.03～0.05MPa。

(2)溶解氧(DO)的测量和控制:接种前,在恒定的发酵温度下将溶解氧的满刻度做一标定。DO 是一个相对值,所以在标定时,将转速及空气量开到最大值时的 DO 值作为 100%,然后进行发酵过程的 DO 测量和控制。DO 的控制可采用调节空气流量和调节转速来达到。最简单的方法是采用转速和溶氧的关联控制。10L 罐的发酵培养基装液量为 6～8L,搅拌转速 300r/min,通风量 1vvm。

(3)pH 的测量与控制:在灭菌前应对 pH 电极进行 pH 值的校正。保持 pH 值为 7,pH 值的控制是用蠕动泵加酸加碱来达到的。要对使用的酸瓶或碱瓶先在灭菌锅中灭菌。

(4)泡沫的控制:发酵前期,由于菌量较少,根据发酵液的起泡情况可以降低或停止搅拌。发酵后期由于菌量快速地增加,为满足菌体生长的溶解氧需要,不能降低搅拌转速和通气量,只能通过补加消泡剂的方法来控制泡沫,因此需要准备适量的无菌消泡剂。当发生泡沫报警后,应立即采取措施进行泡沫控制。

(5)采样测定:定期对发酵过程进行参数检测是发酵管理和控制的必需措施。28℃,发酵周期为 60h。每隔 2h 起,测定菌体浓度,从发酵 12h,每隔 2h,测定红色素的产量。每次采样后需要立即检测相关参数,不能及时检测的样品必须立即放入冰箱,然后在不超过 4h 的时间内进行处理。

每次采样之前和采样之后都需要用蒸汽对采样口进行灭菌处理。

(6)发酵结束:发酵结束后,应及时将发酵液放出罐外,并清洗发酵罐。如果罐内壁中黏附有不易洗脱的蛋白质等污物,应打开发酵罐的罐盖,用毛刷清洗干净后再盖紧罐盖。

放出罐外的发酵液如果需要长期放置,应立即加入防腐剂。

(三)菌体和红色素的测定

1. 光密度的测定

(1)菌体 OD_{600}：以水作为参比，在600nm处，测定吸光值大小，绘制生长曲线。

(2)红色素的 OD_{535}：取1mL发酵液，加9mL的丙酮，混合均匀，取1.2mL混合液10000r/min，离心5min，取上清液1mL，用酸性丙酮(pH3.0)进行适当的稀释，在535nm处测定吸光值。

2. 菌体干重测定

取1mL发酵液，加9mL的丙酮，混合均匀，取1.2mL混合液10000r/min，离心5min，去上清液，观察沉底颜色，若颜色为红色，则选用丙酮进行洗涤，直至为白色，再去蒸馏水洗涤2次，去除水分，利用记差法测菌体湿重。

五、实验报告

1. 实验结果

(1)按照表26-1中的要求填写实验结果，并计算总得率。

表 26-1　实验结果记录

项　　目	测定结果
发酵液体积/L	
菌体的质量/$(g \cdot L^{-1})$	
红色素的质量/$(g \cdot L^{-1})$	

(2)分别绘制沙雷氏菌的生长动力学曲线和红色素产生的动力学曲线。

2. 思考题

(1)影响红色素合成的因素有哪些？

(2)讨论摇瓶发酵和发酵罐发酵的优缺点。

六、实验拓展

设计一个红色素生产菌株的筛选方案，并对其培养特性进行初步实验，掌握该菌株产色素的基本培养条件。

（李加友）

实验 27 桑黄液体发酵生产多糖

一、目的要求

1. 掌握桑黄液体发酵原理、过程和产物提取方法；
2. 熟悉药用真菌桑黄液体深层发酵的方法。

二、基本原理

桑黄(*Phellinus igniarius*)属真菌界，担子菌门，伞菌纲，锈革孔菌目，锈革孔菌科，纤孔菌属，是一种传统的药用蕈菌，因通常生长在桑属植物上，子实体为黄褐色而得名。自 1968 年日本学者 Tetsuro Ikekawa 等用桑黄子实体的水提取物进行细胞实验且发现其对小鼠 S-180 的抑制率为 96.7％以来，国际上对桑黄的药用功能进行了广泛研究，发现桑黄具有抗肿瘤、免疫调节等药理作用。桑黄多糖是桑黄中的主要有效成分，包括胞内多糖和胞外多糖，具有显著抑制肿瘤生长和转移的作用。

桑黄的液体深层发酵，就是将菌丝培养在液体培养基中，在纯种条件下，强制将无菌空气通入密闭发酵罐中进行培养的方式，使桑黄丝生长、繁殖和合成代谢产物。发酵产物包括菌丝体和发酵液，可通过提取或浓缩喷雾工艺加工，产品作为原料药或生产保健品使用。桑黄的深层发酵工艺具有生产周期短、产量大、产品质量稳定、成本低等优点，是目前工业化生产桑黄菌丝体或活性物质的方法。

桑黄液体深层发酵多糖工艺一般流程如图 27-1 所示。

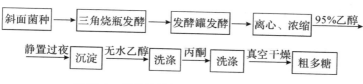

图 27-1 桑黄液体深层发酵多糖工艺流程

三、实验器材

1. 实验材料

桑黄,150mg/L 的标准葡萄糖溶液,95％乙醇,60g/L 的苯酚溶液,浓硫酸,接种针,纱布,棉线。

2. 培养基配方

斜面 PDA 培养基:马铃薯 200g 煮汁 1000mL,葡萄糖 20g,琼脂 20g,pH 自然。

摇瓶种子培养基:按玉米粉(或玉米淀粉)1％,蔗糖 2％,蛋白胨 0.2％,酵母粉 0.3％~0.5％,磷酸二氢钾 0.1％,硫酸镁 0.06％的比例配制,pH 自然,备用。

发酵培养基:玉米粉 1％,蔗糖 2％,酵母粉 0.2％,磷酸二氢钾 0.2％,豆油适量的比例配制(用量一般为 0.01‰~1‰),pH 自然,备用。

3. 器皿和仪器

5L 发酵罐,高压蒸汽灭菌锅,超净工作台,摇床,真空泵,722 型分光光度计,电炉,电子天平,显微镜,三角烧瓶,试管。

四、操作步骤

1. 菌种活化

将母种接种到斜面培养基中,置于 28℃环境中培养一周,待菌丝长满斜面,备用。

2. 摇瓶种子配制

将玉米粉先加入少量水搅拌均匀,加热至 70℃,保持 60min,过滤去渣后再与其他成分混合配成培养液。将液体培养基装入三角瓶中,一级种子瓶为 500mL 三角瓶,装量 100mL;二级种子瓶为 5000mL 三角瓶,装量 700mL,塞上纱布棉塞(或 8 层纱布包口),包上牛皮纸,置于灭菌锅 121℃灭菌 30min。

3. 发酵培养

(1)三角瓶发酵培养:取斜面试管母种一支,从中挑取指甲大小 1~2 块移入已灭菌并盛有液体培养基的三角瓶中,种子瓶置于 26~28℃下震荡培养 4~7d,将种子瓶中长好的种子倾入扩大瓶培养液中,培养 2~3d,接种量以 5％~10％为宜。

(2)发酵罐发酵培养:在 5L 发酵罐中装入 3L 发酵培养基,灭菌后接入 150mL 种子培养液,搅拌速度 220r/min,通气量 1:(0.5~1)[(V/V)/min],罐压 0.4×10^5~0.5×10^5Pa,温度 26~28℃,培养 5d。

(3)菌丝检测:在发酵培养的过程中,打开出料口,将菌液接入无菌容器后轻轻旋转样品,静置 5min,要观察菌丝生长及菌液变化情况,如果菌丝体悬浮力好,则表明活力强;若极易沉淀,则表明菌丝老化、活力降低。然后将菌液制片,在显微镜下检查菌丝纯度,检测后若无杂菌,可继续培养;当分生孢子几乎全从母体孢子梗脱落,孢子梗数量增加不明显时,说明菌丝培养结束,可进行菌丝收集。

（4）菌丝收集：液体发酵培养结束后，打开出料口，取出培养液，用真空抽提法收集菌丝，然后将收集的菌丝放在通风干燥处阴干。

4. 苯酚-硫酸法测定总糖

（1）标准曲线的制作：分别准确吸取 150mg/L 的标准葡萄糖溶液 0.1，0.2，0.3，0.4，0.5，0.6，0.7，0.8mL 加入比色管中，分别加蒸馏水补水至 2.0mL，加 60g/L 的苯酚溶液 1.0mL，摇匀后加入浓硫酸 5mL，置沸水浴中加热 15min，然后在冷水浴中冷却 30min，在 490nm 下测光密度，以 2.0mL 水按同样的显色操作做空白实验，横坐标为葡萄糖体积数，纵坐标为光密度值，制标准曲线。

（2）总糖含量的测定：将样品配制成溶液，取 1.0mL，按同样操作测定光密度求出含量。

计算公式如下：

$$多糖含量 = (X \times V_1/m) \times n \times 0.9 \times 100\% \qquad (27\text{-}1)$$

式中：X 为标准葡萄糖溶液浓度，单位为 g/L；

V_1 为多糖吸光度为 A_1 时，对应的葡萄糖体积，单位为 mL；

m 为样品的质量，单位为 g；

n 为样品稀释倍；

0.9 为葡萄糖与多糖换算校正系数。

5. 桑黄多糖提取

量取离心后的发酵液 250mL，浓缩至 50mL。冷却，边搅拌边加入 3 倍量 95% 乙醇，于冰箱中静置过夜。次日离心，沉淀物（粗多糖）依次用无水乙醇、丙酮洗涤，真空干燥至粗重，精确至 0.001g。

6. 粗多糖含量计算

根据实验结果计算桑黄发酵液中多糖含量。

按下列公式计算：

$$粗多糖 = \frac{粗多糖干物重量}{发酵液体积} \times 100 \qquad (27\text{-}2)$$

7. 注意事项

粗多糖提取时，若不需要蛋白成分，可采用 Sevage 法除去蛋白质，逆向流水透析得桑黄多糖。

五、实验报告

1. 实验结果

将实验结果填于表 27-1 中。

$$菌丝体得率 = 菌丝体干重/放罐后发酵液体积； \qquad (27\text{-}3)$$

$$生物转化率 = 菌丝体干重/培养基质总干重 \times 100\% \qquad (27\text{-}4)$$

表 27-1　多糖含量的测定

发酵滤液/mL	多糖含量/%		菌丝得率/%	生物转化率/%
	总糖含量	粗多糖得率		

2. 思考题

(1)怎样利用显微镜判断菌丝生长情况？

(2)作为珍稀药用真菌，简述桑黄有哪些药理作用。

六、实验拓展

灵芝也是药用真菌，请根据本实验工艺流程设计灵芝胞外多糖液体发酵工艺流程。

（葛立军）

第 5 篇

典型发酵产品生产流程

实验 28　厌氧发酵产品生产工艺流程

——啤酒

一、目的要求

1. 了解啤酒生产的工艺流程；
2. 熟悉啤酒生产设备。

二、基本原理

啤酒是以大麦和水为主料，大米或其他物、酒花为辅料，经制麦、糖化、酵母发酵酿造而成的一种含有 CO_2、低酒精度和多种营养成分的饮料酒。啤酒酿造的原理在实验 20 中已有叙述。啤酒生产的工艺流程如图 28-1 所示。

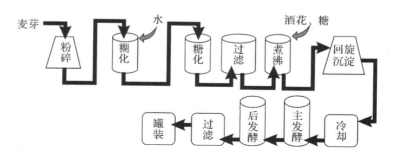

图 28-1　啤酒生产的工艺流程

本实验结合啤酒发酵装置，讲述啤酒的生产过程。

结合实验 20 所述的啤酒酿造原理及本实验操作步骤 2～11，熟悉啤酒生产主要设备。啤酒发酵主要设备如图 28-2 所示，包括糊化锅、糖化锅、过滤槽、煮沸锅、回旋沉淀池、冰水罐、主发酵罐、后发酵罐等。

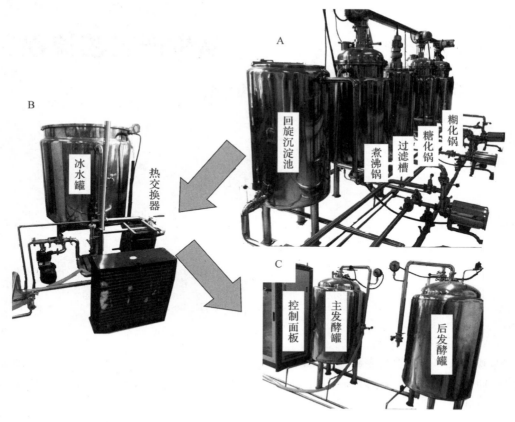

图 28-2　啤酒生产设备

三、实验器材

啤酒发酵装置(带原位清洗系统、控制系统以及制冷系统等),啤酒巴氏杀菌机,啤酒分装机等。

四、操作步骤

1. 麦芽粉碎

麦芽经过粉碎,可增加比表面积,提高可溶性物质的浸出率,有利于酶的作用。麦芽粉碎后的体积变化可反映麦芽的粉碎度,100g 麦芽的体积约为 180cm³,粉碎成细粒以后的体积可增加至 210cm³。

在粉碎过程中,每隔 10min 检查麦芽粉碎度是否达到要求,并要经常检查粉碎机辊轴的转速。六辊粉碎机预磨辊和谷皮辊的转速为 250r/min,粗粒辊的转速为 280r/min,振动筛的振动频率为 450 次/min。

2. 糊化

将经过粉碎的麦芽投入糊化锅,加水,并控温加热。热水溶液中,水分子大量进入淀粉分子,使其体积膨胀,淀粉颗粒吸水膨胀到一定程度时,颗粒破裂溶于水中,形成黏稠的溶液,此过程称为糊化。大麦的糊化温度一般控制在 $65 \sim 85 ℃$。在糊化温度下,作用时间越长,醪液煮沸越强烈,糊化程度越彻底。大颗粒淀粉较小颗粒淀粉易糊化,因为小颗粒淀粉的外围含有较多的无机物和蛋白质。经糊化的淀粉受到淀粉酶的水解,长链迅速断裂,醪液黏度迅速下降,此过程称为液化过程。液化和糊化往往同时发生。

3. 糖化

糊化以后的物料,经过泵输送至糖化锅。糖化即对糊化以后的原料进一步处理,使淀粉进一步分解成小分子寡糖或单糖的过程。糖化过程主要依靠 α-淀粉酶和 β-淀粉酶的协同作用。采用 $62 ℃$ 左右的糖化温度,可得到较高的可发酵性糖,但糖化时间需延长(至碘液不呈色反应);采用 $70 ℃$ 左右的糖化温度,则可缩短糖化时间(至碘液不呈色反应),但可发酵性糖含量低。

糖化下料温度以低温($35 \sim 50 ℃$)为宜,以有利于各种低温酶(如植酸酶、β-葡聚糖酶等)的作用,再逐步升温至糖化适宜温度($65 ℃$ 左右),直至 $75 \sim 78 ℃$ 糖化完全为止。

4. 过滤

麦汁过滤可分两步进行:第一步,以麦糟为滤层,利用过滤方法提取麦汁,称为第一麦汁或过滤麦汁。第二步,利用热水洗出第一麦汁过滤后,残留于麦糟中的麦汁,称为第二麦汁或洗涤麦汁。糖化结束后,应尽快进行过滤,将糖化醪中从原料溶出的物质与不溶性的麦糟分离,以得到澄清的麦汁,并获得良好的浸出物收率。

将糖化终了的醪液泵入过滤槽中,过滤槽事先铺好过滤板,并由槽底部引入少量 $78 ℃$ 热水,以刚没过滤板为度,以便排除过滤板与槽底之间的空气。然后,可泵入糖化醪并搅拌均匀。静置 $30 min$,形成过滤层。打开麦汁排出阀,然后迅速关闭,排出过滤槽底的絮状沉淀。

过滤开始时,小开麦汁排除阀,控制流速。过滤一段时间后,流速减小,此时应缓慢翻糟,使麦糟层松动,麦汁流出畅通。第一麦汁流完后,在麦糟上喷洒热水($70 \sim 80 ℃$),将麦糟层中残留的糖液洗出,此为第二麦汁。

5. 煮沸

煮沸可以对麦汁进行消毒,可钝化酶,避免腐败,还可以絮凝蛋白质、蒸发水分,增加麦汁的稳定性。在麦汁煮沸过程中,添加酒花,将其所含的软树脂、单宁和芳香物质溶出,以赋予麦汁独特的苦味和香味,并增加啤酒的稳定性。

煮沸在煮沸锅中进行。用泵将麦汁输送至煮沸锅,在煮沸锅通入蒸汽,缓慢升温,以钝化酶的残留活力。沸腾开始后,加入酒花,并通过调节蒸汽大小控制沸腾程度。

6. 回旋沉淀

回旋沉淀的目的是分离凝固物。回旋沉淀槽是一直立的圆柱平底槽。热麦汁与槽壁成切线泵入槽内,泵入时与槽内液面水平,使麦汁进入槽内形成回旋运动,使凝固物沉积在槽底中心,形成坚实的锥形沉淀物。

7. 冷却

回旋沉淀后的麦汁,通过热交换器,迅速冷却至发酵所需的温度。薄板热交换器是常用的冷却装置。其采用不锈钢板制作,由许多片两面带沟纹板组成,两块一组,中间用胶皮圈

作填料紧密贴牢,防止渗漏。麦汁和冷却剂通过泵输送,以湍流形式运动,循着沟纹板两面的沟纹逆向流动而进行热交换。

8. 主发酵

主发酵是酿酒酵母菌通过分解糖类和其他营养物质,进行细胞生长、增殖、释放能量并产生酒精的过程。前期,酒液降糖较慢,α-氨基氮迅速被同化,酵母细胞密度逐步上升。而后,溶解氧很快被消耗殆尽,酒液转入发酵阶段,降糖加快,同时释放很多热量。此时,需要对发酵液进行冷却控温,避免温度过高。待发酵液达到一定酒精度后,酵母开始凝聚沉淀,酒液中悬浮的酵母密度逐步下降,降糖转慢,液面形成泡盖。此时,可下酒至后发酵罐,进行后发酵。

9. 后发酵

主发酵后的啤酒称为新啤酒。此时酒的二氧化碳含量不足,双乙酰、乙醛、硫化氢等挥发性风味物质尚未降至合理程度,酒液口感不成熟,一般还需数星期或数月的后发酵。在后发酵过程中,酿酒酵母的代谢会产生二氧化碳,这会促进新啤酒中所含的生青味物质双乙酰、乙醛、硫化氢的排放,使啤酒口感成熟。

后发酵多控制先高后低的贮酒温度,前期控制在 $3\sim13℃$,而后逐步降温至 $-1\sim0℃$,降温速度则由不同类型啤酒的贮酒时间而定。

10. 过滤和灌装

后发酵结束的啤酒经过滤可得到澄清的啤酒。常用的过滤方法有膜过滤、硅藻土过滤、板框式过滤等。过滤后的啤酒经过杀菌(图 28-3)、成品检测合格后,可以灌装。

图 28-3　啤酒巴氏杀菌机

在啤酒灌装过程中,要避免啤酒因酵母散发而造成污染,并且要对啤酒进行氧气隔离。其流程主要如图 28-4 所示。

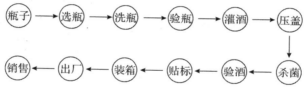

图 28-4　灌装流程

成品啤酒应进行各项检验,符合要求才能灌装出厂。一般 12 度啤酒的乙醇含量为总重量的 $3.0\% \sim 3.5\%$,CO_2 含量为 0.38% 左右,含氮物质在 $8\% \sim 10\%$,高分子氮在 $20\% \sim 30\%$,而对啤酒风味影响最大的是异戊醇、苯乙醇、丙醇、活性戊醇等,一般啤酒中还含有维生素 B_1、维生素 B_2 以及烟酸等。

五、实验报告

1. 在表 28-1 中,写出啤酒生产主要设备的功能。

表 28-1　发酵设备的功能描述

设备名称	功能
糊化锅	
糖化锅	
过滤槽	
煮沸锅	
回旋沉淀池	
冰水罐	
热交换器	
主发酵罐	
后发酵罐	

2. 用示意图的方式画出啤酒生产主要设备,并在图上标出物料及水的流向。

（陈少云,陈宜涛）

实验 29　克拉维酸的发酵与检测

一、目的要求

1. 了解放线菌工业菌种的活化步骤,掌握链霉菌的孢子培养技术及单孢分离技术,学会观察菌丝和孢子的形态;

2. 了解次级代谢物的生物活性测定原理,掌握发酵效价的生物活性测定方法;

3. 了解发酵种子的接种量和接种时机,掌握液体发酵的操作技术。

二、基本原理

克拉维酸是棒状链霉菌产生的一种天然产物,为油状液体,常温下很不稳定。其钠盐是针状晶体,旋光度$[\alpha]_D^{24}$约为$+54°$。其是由β-内酰胺环与噁唑环构成的双环体系,为一稠合双环β-内酰胺环。它以氧原子取代了青霉素及头孢菌素噻唑环中的硫原子,具有作为β-内酰胺酶抑制剂所必需的3R、5R立体化学结构,其结构如图29-1所示。克拉维酸是一种β-内酰胺类抗生素,各种β-内酰胺类抗生素的作用机制均相似,都能抑制细胞壁黏肽合成酶即结合蛋白,从而阻碍细胞壁黏肽合成,使细菌胞壁缺损,菌体膨胀裂解。

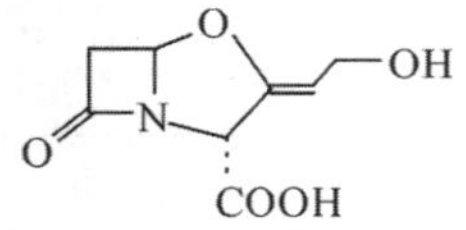

图 29-1　克拉维酸的结构

克拉维酸等属于不可逆性竞争型β-内酰胺酶抑制剂,与酶牢固结合后使酶失活,因而作用很强。克拉维酸对金黄色葡萄球菌产生的β-内酰胺酶和广泛存在于肠杆菌属细菌、流感杆菌、淋球菌和卡他莫拉菌的质粒介导的β-内酰胺酶有强大的抑制作用,对肺炎杆菌、奇异变形杆菌和脆弱类杆菌所产生的染色体介导的β-内酰胺酶也有快速的抑制效果。

抗生素效价测定的方法多种多样,琼脂扩散法是其中最典型最常用的一种方法,其原理是利用抗生素在含敏感试验菌的琼脂培养基中的球面扩散渗透作用,通过不同的试验设计方法使供试品和标准品接触固体培养基表面,经培养后,抗生素向培养基中扩散,抑制细菌繁殖而形成一定的透明的抑菌圈,通过琼脂培养基,可观察并测量抑菌圈的大小。在一定的抗生素浓度范围内,对数剂量(浓度)与抑菌圈的表面积或直径成正比。

将克拉维酸标准品滴加到滤纸上,利用溶液在滤纸上的扩散,形成在含有指示菌培养基上的均匀扩散,从而测定不同浓度的克拉维酸的抑菌圈大小,绘制标准曲线,进而建立克拉维酸生物测定模型。建立好克拉维酸生物测定模型后,利用微生物液体发酵得到高产量的克拉维酸。

微生物发酵是利用微生物,在适宜的条件下,将原料经过特定的代谢途径转化为人类所需要的产物的过程。液体发酵技术是现代生物技术之一,它是指在生化反应器中,模仿自然界将食用菌、药用菌在生育过程中所必需的糖类、有机和无机含有氮素的化合物、无机盐和一些微量元素以及其他营养物质溶解在水中作为培养基,灭菌后接入菌种,通入无菌空气并加以搅拌,提供菌体呼吸代谢所需要的氧气,并控制适宜的外界条件,进行菌丝大量培养繁殖的过程。工业化大规模的发酵培养即为发酵生产,亦称深层培养或沉没培养。工业化发酵生产必须采用发酵罐,而实验室中发酵培养多采用三角瓶。得到的发酵液中含有菌体、被菌体分解及未分解的营养成分、菌体产生的代谢产物。发酵液直接作药用或供分离提取,也可以作为液体菌种。

微生物液体发酵中,培养基成分对发酵的生产周期及最终产量具有决定性的影响。尤其是对于克拉维酸来说,其骨架就是 C、H、O、N 四种元素,所以微生物生长所需的培养基中的碳源、氮源以及碳氮比(C/N)就显得尤为重要。碳源指营养物化学成分中含有的大量"C"元素,即含有"碳水化合物",主要供应克拉维酸生产菌株生命活动所需要的能量,构成菌体细胞及代谢产物。克拉维酸生产过程中,可以选用的碳源包括糖类(单糖、双糖、多糖)、脂肪和某些有机酸。培养基中的氮源主要用于构成菌体细胞物质和含氮代谢物。常用的氮源可分为有机氮源和无机氮源两大类。碳氮比指碳源及氮源在培养基中的含量比。构成菌丝细胞的碳氮比通常是(8:1)~(12:1)。克拉维酸生产菌株的菌丝生长过程中,一般需要 50% 的碳源作为能量供给菌丝呼吸,另外 50% 的碳源组成菌体细胞。因此培养基中理想碳氮比的理论值为(16:1)~(24:1)。

微生物生长过程中也需要无机盐、微量元素及微生物等,这些微量成分对菌种生理过程的影响与其浓度有关。有的是某些酶的辅基或激活剂,在配制培养基时应注意适当添加这些成分。

三、实验器材

1. 实验材料

棒状链霉菌冻存孢子(−80℃),生物效价测定指示菌,50mL 无菌水,75% 酒精喷壶或棉球,AMP 储存母液,美兰染色液,克拉维酸标准品,无水乙醇。

2. 培养基

改良高氏一号固体(SCA)培养基,用于菌种活化和培养孢子。其成分为:硝酸钾 1.0g/L,磷酸二氢钾 0.5g/L,硫酸镁 0.5g/L,硫酸亚铁 0.01g/L,氯化钠 0.5g/L,可溶性淀粉 20.0g/L,琼脂 15.0g/L,1000mL 蒸馏水,用 1mol/L 的 NaOH 调节 pH 值为 7.2~7.4。121℃ 高压蒸汽灭菌 15min,冷却至 50~55℃ 时,每 300mL 培养基中加入 3% 重铬酸钾溶液 1mL,混匀,倾入无菌平皿。

LB 固体培养基,用于制作生物测定平板。在 950mL ddH$_2$O 中加入胰化蛋白胨 10g、酵母提取物 5g、NaCl 10g,用 1mol/L 的 NaOH 调节 pH 值到 7.0,定容至 1L。然后加入 15g 琼脂粉。121℃,20min 高压蒸汽灭菌,待冷却至 50～60℃时,倒置平板。

3. 仪器和器皿

显微镜,培养箱,超净工作台,天平,三角瓶,玻璃平皿,500mL 蓝盖瓶,塑料涂布棒,镊子,酒精灯,载玻片,称量纸及称量勺,油性记号笔,6mm 滤纸片,2mL 离心管,1mL 移液器及枪头,200μL 移液器及枪头,10μL 移液器及枪头,5mL 注射器,0.22μm 滤器,打火机和接种环,擦镜纸,载玻片等。

四、操作步骤

1. 生产菌种的活化

从冰箱中拿出冻存的孢子甘油管,室温解冻;用无菌水梯度稀释孢子至 10^{-8};分别取 200μL 稀释倍数为 10^{-8} 和 10^{-3} 的孢子悬液涂布到平板;在超净工作台上吹干平板(无菌风);平板转移到 25℃,RH 50%恒温恒湿培养箱培养 7～12d;每天观察菌种的生长情况,做好记录。

2. 链霉菌的单孢子分离

从培养箱拿出上期培养的平板,观察密集孢子及单个孢子的生长情况差异;生产菌种的产孢平板如图 29-2 所示,从密集孢子上挑取孢子及菌丝,加无菌水涂布载玻片,固定,染色,显微镜观察,分析菌丝、孢子的形态差异;挑取单个孢子转移划线到新 SCA 固体平板;平板转移到 25℃,RH 50%恒温恒湿培养箱培养 7～12d。

图 29-2　生产菌种的产孢平板

3. 生物测定模型的建立

配制 2～14mg/mL 系列浓度的克拉维酸溶液;取 200μL 指示菌涂布到含氨苄(AMP)的 LB 平板,用镊子取数个 6mm 滤纸片放在 LB 平板上,晾干;滤纸片放置方法参见图 29-3;分别取 5μL 不同浓度的克拉维酸溶液到滤纸片,在超净工作台中晾干;平板转移到 37℃培养箱,过夜培养;第二天观察抑菌圈直径并测量,绘制标准曲线,计算相关系数,确定线性范围。

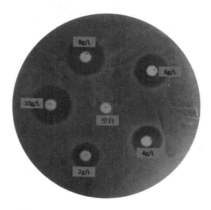

图 29-3　生物活性测定的平板模型

4. 发酵液体种子的制备

在 10mL 无菌离心管中加入 5mL 无菌水,用接种环刮下适量的孢子加入,漩涡振荡分散孢子;取脱脂棉花放入注射器,将孢子悬液用注射器过滤到新的 10mL 离心管;取 1mL 孢子悬液接种到 50mL/瓶 SCZ 培养基(棒状链霉菌种子培养基)中;转移到 25℃ 摇床,250r/min 培养48h;每天连续观察培养液的外观变化;2d 后涂片,美兰染色,显微镜观察菌丝生长状态,如图 29-4 所示。

图 29-4　放线菌的菌丝显微镜照片

5. 克拉维酸的液体发酵

挑取教师培养的液体种子,涂片,在已干燥、固定好的抹片上,滴加适量的美蓝染色液,经 1～2min,水洗,沥去多余的水分,吸干或烘干,显微镜观察菌丝生长状态;取 600μL 前体加入 50mL/瓶 SCF 液体培养基(棒状链霉菌发酵培养基);取 5mL 发酵种子接种到 50mL/瓶 SCF 液体培养基;转移到 25℃ 摇床,250r/min 培养 6～8d;连续观察培养液的外观变化,显微镜观察菌丝生长状态。

6. 克拉维酸发酵效价的生物测定

挑取发酵液,涂片,美兰染色,显微镜观察菌丝生长状态和是否染菌;取 200μL 指示菌涂布到含氨苄的 LB 平板,加上数个 6mm 滤纸片;取 500μL 发酵液到注射器,用 0.22μm 滤器过滤;取 5μL 发酵液的滤液到 6mm 滤纸片,吹干;平板转移到 37℃ 培养箱,过夜培养;第二天观察抑菌圈直径,测量,比较发酵效价;挑选效价较高的菌,保种。

五、思考题

1. 实验结果

(1)活化生产菌种时,记录生长情况,填写表 29-1。

表 29-1　生产菌种活化过程中生长情况记录

培养天数	1	2	3	4	5	6	7	8	9	10	11	12
菌落生长情况记录												

(2)建立生物活性测定模型时,观察并测量抑菌圈直径,绘制标准曲线,计算相关系数后确定线性范围。

(3)计算克拉维酸液体发酵后的效价。

2. 思考题

(1)为什么指示菌在培养过程中,能够在添加有氨苄青霉素的 LB 固体平板上生长?

(2)请比较克拉维酸效价测定方法的优点和缺点。

(3)在将单孢子划线并培养后,平板上长出杂菌或者未长出任何菌,请你分析其可能的原因分别有哪些。

六、实验拓展

某生产抗生素的工厂在发酵生产克拉维酸时发现生产不正常,主要表现为:效价降低,镜检时发现除了有菌丝之外,还有类似芽孢的椭圆形细胞。你认为可能原因是什么?如何证实你的判断是否正确?

(曹广祥)

实验 30　陈化籼米固态发酵法生产柠檬酸

一、目的要求

1. 掌握固态发酵法生产柠檬酸的基本工艺流程；
2. 了解柠檬酸固态发酵法生产过程的基本原理。

二、基本原理

柠檬酸是一种重要的有机酸，又名枸橼酸，化学名称为 2-羟基丙烷-1,2,3-三羧酸（图30-1），无色晶体，常含一分子结晶水，无臭，有很强的酸味，易溶于水。柠檬酸广泛应用于食品、化妆品和医药化工行业，全球的年产量超过 150 万吨，且需求量以每年 3％～4％ 的速度增长。微生物发酵法是目前国内外生产柠檬酸的主要方法，它可分为浅盘液态表面发酵法、固态发酵法和深层通风发酵法三种。浅盘液态表面发酵法设备占地面积大，发酵时间长，生产能力小。深层通风发酵法速度快，设备占地面积小，生产规模大，原料消耗低，但技术要求高。固态发酵法是我国生产柠檬酸的传统方法，与其他发酵方式相比有如下优点：原料多为便宜的天然基质或工业生产的下脚料，来源广泛；投资少，能耗低，技术较简单；基质含水量低，可减少废水处理，环境污染较少，后处理加工方便；发酵过程一般不需要严格的无菌操作。因而利用固态发酵法生产柠檬酸受到了广泛重视。

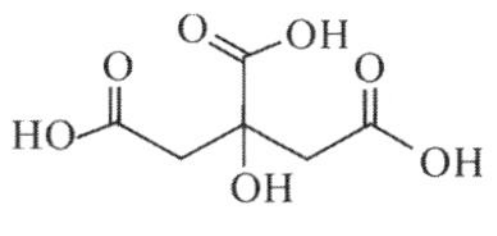

图 30-1　柠檬酸结构式

大米一般分为新粮、陈粮和陈化粮三种，当年生产的大米属于新粮，第一次储存期限超过一年的是陈粮，储存后变质的粮食是陈化粮。我国每年因粮食储备、粮食收储企业的库存周转、仓储设施老化与不足等原因产生了大量的陈化粮，陈化粮食用品质差，安全性又得不到保障，因此国家规定陈化粮不能进入口粮市场，大部分转而作为动物饲料使用，经济价值低，因此急切需要找到合适的途径来处理陈化粮。本实验开展以黑曲霉为菌种，籼米陈化粮为基质，通过固态发酵法生产柠檬酸的研究，对拓宽陈化粮深度开发的应用途径、提高其经济价值，具有重要的现实意义。

三、实验器材

1. 实验材料

黑曲霉（*Aspergillus niger*）菌株,1%酚酞指示剂,籼稻谷陈化粮,新鲜麸皮等。

2. 培养基

PDA 培养基制备:马铃薯（去皮）200g,葡萄糖 20g,琼脂 15～20g,蒸馏水定容至 1000mL,自然 pH,121℃灭菌 20min,冷却至室温,37℃培养 24h,无菌生长者方可使用。

3. 器皿和仪器

小型稻谷剥壳机,小型粉碎机,电子天平,移液管,电热恒温培养箱,高压蒸汽灭菌锅,小型发酵罐,电热鼓风干燥箱,恒温振荡器,台式离心机等。

四、操作步骤

1. 试剂准备

1%酚酞指示剂配制:取 1g 酚酞,用 95%乙醇溶解,并用蒸馏水定容至 100mL。

2. 种子培养基制备

(1)取新鲜麸皮(有淡淡麦香味),用 60 目筛子筛去细粉,以减少淀粉含量。按麸皮:水＝1:(1.0～1.3)比例加入水,拌匀至无干粉又无结团现象。

(2)麸皮拌匀后分装在 1000mL 大小的三角瓶中,每瓶装湿麸皮约 40g,用纱布封扎瓶口,高压蒸汽灭菌(121℃,30min),趁热摇散,冷却后 30℃培养 1d。

(3)对未发现异常气味或染菌的三角瓶,冷却后接入 1～2 环已活化的斜面菌种,30～32℃培养,每隔 12～24h 摇瓶一次,待长出的黑色孢子布满表面后,即可使用。

3. 菌种活化

采用 PDA 斜面培养基对黑曲霉菌种进行活化,在 PDA 培养基上,菌落由白色逐渐变至棕色,呈绒毛状布满在培养基表面,孢子区域为黑色。

4. 柠檬酸固态发酵工艺

(1)取一定量的籼米陈化粮稻谷,用稻谷剥壳机脱壳去皮得到粗大米,再用小型粉碎机将粗大米粉碎,得到碎大米。称取碎大米 50g 并加辅料,每 100g 米粉加入 8.5g 新鲜麸皮、1g 碳酸钙、0.4g 尿素和 60g 水,拌匀至无干粉又无结团现象,此时基质分散性较好,蒸煮后不黏结。

(2)将拌匀的碎大米和辅料装入发酵罐中,121℃高压蒸汽灭菌 30min,冷却至 30℃,根据需要补充适量的无菌水。

(3)选择在种子培养基上孢子层生长丰满的黑曲霉成熟菌种,以无菌水制成孢子悬液,以 0.2%～0.3%的接种量接入发酵罐。

(4)发酵过程温度控制:在发酵过程中将温度控制在 25～32℃,若温度过低,微生物细胞内的酶活性受到抑制,生物反应速度慢;若温度过高,则可能导致酶不可逆失活,使生物反应速度减小甚至停止。由于发酵过程中特别是对数生长期细胞代谢活跃,产生的热量较多,发酵罐要注意冷却,防止温度过高引起发酵迟缓。

（5）发酵过程 pH 控制：在发酵过程中将 pH 值控制在 4.2～4.5，发酵过程中由于产物柠檬酸的积累会导致基质 pH 值下降，而氮源（氨水、尿素）的流加可导致 pH 值升高。控制 pH 值的手段主要是控制氮源流加量。在发酵过程中，当 pH 值下降到所需控制值以下时，应及时流加氮源。

（6）发酵过程通气控制：生产柠檬酸的菌种——黑曲霉为好氧菌，对氧的要求严格，柠檬酸发酵时短暂停止通气也会造成产量严重下降，在发酵过程中注意保证足量氧气的供应。

（7）发酵过程中的分析：在发酵过程中要定期取样，测定基质含水量和柠檬酸浓度，并根据测定数据，分析发酵温度、pH 和发酵时间对菌体生长和柠檬酸产量的影响。

五、实验报告

1. 实验结果

（1）将不同时期的发酵基质含水量和柠檬酸浓度记录在表 30-1 中。

表 30-1　不同发酵时间发酵基质含水量和柠檬酸浓度

时间/h	0	24	48	60	72	84	96	120
发酵基质含水量/%								
柠檬酸浓度/(g·kg 干物质$^{-1}$)								

（2）发酵基质含水量的测定：精确称取发酵基质 5～10g，在电热鼓风干燥箱中 105℃烘干至恒重，再精确称量其重量。

$$含水量＝（基质原重－干重）/基质原重×100\%　（30-1）$$

（3）柠檬酸测定：称取发酵基质 3～6g，放入 40mL、80℃水中浸泡约 20min，$1×10^4 g$ 离心 10min，离心结束后取上清液 25mL，加入 1～2 滴 1%酚酞指示剂，用 NaOH 标准溶液滴定至溶液呈微红色。

$$柠檬酸浓度＝\frac{120.08MV}{m(1-x)}　（30-2）$$

式中：M 为 NaOH 标准溶液的浓度，单位为 mol/L；

V 为消耗 NaOH 标准溶液的体积，单位为 mL；

m 为滴定称取的发酵基质的质量，单位为 g；

x 为发酵基质初始含水量，单位为%。

2. 思考题

（1）简述固态发酵合成柠檬酸的基本机理。

（2）为什么在柠檬酸发酵过程中一般不需要严格的无菌操作？

六、实验拓展

在固态发酵法生产柠檬酸过程中，以尿素为氮源，发现增加风量和提高溶氧量会造成发酵液 pH 值上升，试解释这个现象。

（彭春龙）

参考文献

Chong B F,Blank L M,Mclaughlin R,et al. Microbial hyaluronic acid production[J]. Applied Microbiology Biotechnology,2005,66:341-351.

Daniela A,Viana M,Ricardo P S,et al. Kinetic and thermodynamic investigation on clavulanic acid formation and degradation during glycerol fermentation by *Streptomyces* DAUFPE 3060[J]. Enzyme and Microbial Technology,2009,(45):169-173.

Don M M,Shoparwe N F. Kinetics of hyaluronic acid production by *Streptococcus zooepidemicus* considering the effect of glucose[J]. Biochemical Engineering Journal,2010, 49:95-103.

Garciaochoa F,Gomez E. Bioreactor scale-up and oxygen transfer rate in microbial processes:An overview[J]. Biotechnology Advances,2009,27(2):153-176.

Grintzalis K,Georgiou C D,Schneider Y J. An accurate and sensitive Coomassie Brilliant Blue G250 based assay for protein determination[J]. Analytical Biochemistry, 2015,480:28-30.

Heine A G,Desantis J G,Lu Z M,et al. Observation of covalent intermediates in an enzyme mechanism at atomic resolution[J]. Science,2001,294:369-374.

Hung T V,Ishida K,Parajuli N,et al. Enhanced clavulanic acid production in *Streptomyces clavuligerus* NRRL3585 by overexpression of regulatory genes[J]. Biotechnology and Bioprocess Engineering,2006,11:116-120.

Juhna T,Birzniece D,Rubulis J. Effect of phosphorus on survival of *Escherichia coli* in drinking water biofilms[J]. Applied and Environmental Microbiology,2007,73:3755-3758.

Kirazov L P,Venkov L G,Kirazov E P. Comparison of the lowry and the bradford protein assays as applied for protein estimation of membrane-conatining fractions[J]. Analytical Biochemistry,1993,208:44-48.

Li S,Li P,Lai C. Simultaneous determination of ergosterol nucleosides and their bases from natural and cultured *Cordyceps* by pressurized liquid extraction and high-performance liquid chromatography[J]. Journal of Chromatography A,2004,(1036):239-343.

Li Z,Lu J,Zhao L,et al. Improvement of L-lactic acid production under glucose feedback controlled culture by *Lactobacillus rhamnosus*[J]. Applied Biochemistry and Biotechnology,2010,162:1762-1767.

Liu L,Du G,Chen J,et al. Enhanced hyaluronic acid production by a two-stage culture strategy based on the modeling of batch and fed-batch cultivation of *Streptococcus zooepidemicus*[J]. Bioresouce Technology,2008,99:8532-8536.

Lynch H C，Yang Y. Degradation products of clavulanic acid promote clavulanic acid production in cultures of *Streptomyces clavuligerus*[J]. Enzyme and Microbial Technology，2004，(34)：48-54.

Miller G L. Use of dinitrosalycylic acid as reagent for the determination of reducing sugars[J]. Analytical Chemistry，1959，31：426-428.

Mollgaard H，Neuhard J. Biosynthesis of deoxythymidine triphosphate. In Munch-Petersen A(ed) Metabolism of nucleotides，nucleosides and nucleobases in microorganisms [M]. London：Academic Press，1983，pp149-201.

Ngo T T，Phan A P H，Yam C F，et al. Interference in determination of ammonia with the hypochlorite alkaline phenol method of Berthelot [J]. Analytical Chemistry，1982，54：46-49.

Ohshima T，Sakuraba H，Yoneda K，et al. Sequential aldol condensation catalyzed by hyperthermophilic 2-deoxy-D-ribose-5-phosphate aldolase[J]. Applied and Environmental Microbiology，2007，73(22)：7427-7434.

Pricer W E，Horecker B L. Deoxyribose aldolase from *Lactobacillus plantarum*[J]. Journal of Biological Chemistry，1960，235：1292-1298.

Racker E. Enzymatic synthesis and breakdown of deoxyribose phosphate[J]. Journal of Biological Chemistry，1952，196：347-365.

Saudagar P S，Singhal R S. A statistical approach using L25 orthogonal array method to study fermentative production of clavulanic acid by *Streptomyces clavuligerus* MTCC 1142[J]. Applied Biochemistry and Biotechnology，2007，136：345-359.

Saudagar P S，Survase S A，Singhal R A. Clavulanic acid：a review[J]. Biotechnology Advances，2008，26：335-351.

Sedmak J J，Grossberg S E. A rapid，sensitive and versatile assay for protein using Coomassie Brilliant Blue G250[J]. Analytical Chemistry，1977，79：544-552.

Volkin E，Astrachan L. Phosphorus incorporation in *Escherichia coli* ribonucleic acid after infection with bacteriophage T2[J]. Virology，1956，2(2)：149-161.

Weatherburn M W. Phenol hypochlorite reaction for determination of ammonia[J]. Analytical Chemistry，1967，39：971-974.

Yu L，Pei X L，Lei T，et al. Genome shuffling enhaced L-lactic acid production by improving glucose tolerance of *Lactobacillus rhamnosus*[J]. Journal of Biotechnology，2008，134：154-159.

白冬梅，赵学明，李鑫钢，等. 米根霉发酵生产L-乳酸研究进展[J]. 现代化工，2002，22(6)：9-13.

岑沛霖. 工业微生物[M]. 北京：高等教育出版社，2005.

陈坚，堵国成，张东旭. 发酵工程实验技术[M]. 北京：化学工业出版社，2009.

陈敏. 生物工艺学实验指导[M]. 杭州：浙江工商大学出版社，2014.

仇俊鹏，徐岩，阮文权，等. L-乳酸发酵的代谢调控育种及发酵影响因素的研究[J]. 微生物学通报，2007，34：929-933.

邓开野.发酵工程实验[M].广州:暨南大学出版社,2010.

堵国成.生化工程[M].北京:化工出版社,2007.

樊明涛,赵春燕,朱丽霞.食品微生物学实验[M].北京:科学出版社,2015.

范代娣,俞俊棠.摇瓶的体积氧传递系数和氧通透率的测定[J].生物工程学报,1994,10(2):114-117.

方卫民.赤霉素-葡萄糖-二氯化锡混合液测定水中无机磷的应用研究[J].浙江大学学报(理学报),2001,28(3):299-302.

甘聃,柯春林,刘俊,等.响应面法优化兽疫链球菌变异株透明质酸发酵条件的研究[J].食品工业科技,2009,06:96-99.

高振.自固定化米根霉生产富马酸的发酵调控研究[D].南京:南京工业大学,2009.

管敦仪.啤酒工业手册[M].北京:中国轻工业出版社,2007.

郭宏春,高继全,习欠云.冬虫夏草研究进展[J].微生物学杂志,2003,23(1):50-51.

黄海东,侯刚.模拟稳态法测定生物反应器 $K_L a$ 值的研究[J].天津农学院学报,2004,11(3):28-31.

黄兰芳,郭方遒,梁逸曾.HPLC-ESI-MS 测定冬虫夏草和蚕蛹虫草中腺苷和虫草素含量[J].中国中药杂志,2004,29(8):762-763.

黄儒强,李玲.生物发酵技术与设备操作[M].北京:化学工业出版社,2006.

黄秀梨,辛明秀.微生物学实验指导(第2版)[M].北京:高等教育出版社,2011.

贾士儒,宋存江.发酵工程实验教程[M].北京:高等教育出版社,2016.

贾士儒.生物工程专业实验[M].北京:中国轻工业出版社,2004.

姜伟,曹云鹤.发酵工程实验教程[M].北京:科学出版社,2016.

蒋新龙.发酵工程(第1版)[M].杭州:浙江大学出版社,2011.

科林根.蛋白质科学实验指南[M].李慎涛,译.北京:科学出版社,2007.

孔繁祚.糖化学[M].北京:科学出版社,2005.

李明远.微生物学与免疫学[M].4版.北京:人民卫生出版社,2002.

凌沛学,张天民.透明质酸[M].北京:中国轻工业出版社,2007.

刘东泽,陈伟,高新华.虫草菌素(3-2脱氧腺苷)研究进展[J].上海农业学报,2004,20(2):89-93.

刘冬,李世敏,许柏球,等.pH值及溶解氧对灵芝多糖深层液态发酵的影响与调控[J].食品与发酵工业,2007,27(6):7-10.

刘冬.发酵工程[M].北京:高等教育出版社,2007.

刘国诠.生物工程下游技术[M].2版.北京:化学工业出版社,2003.

刘慧.现代食品微生物学实验技术[M].北京:中国轻工业出版社,2006.

卢彦梅,张伟国.γ-氨基丁酸生产菌的选育及发酵条件优化[J].食品与机械,2008,24(1):36-40.

陆光汉,朱传芳,王瑜,等.植酸和植酸中无机磷的测定[J].华中师范大学学报(自然科学版),1990,24(3):311-315.

罗大珍.现代微生物发酵及技术教程[M].北京:北京大学出版社,2006.

罗洪镇.不同底物流加、供养和发酵还原力调控模式下典型发酵产物合成的关键技术

［D］.无锡：江南大学，2016.

马悦，朱贻华，赵东玲，等.利用 Berthelot 颜色法测定发酵液中铵离子的干扰排除［J］.华东理工大学学报（自然科学版），2006，32（2）：282-284.

孟勇，张国华，王忠彦，等.β-内酰胺酶抑制剂克拉维酸研究进展［J］.中国抗生素杂志，2003，28（1）：60-64.

钱存秀，黄仪秀.微生物学实验教程［M］.2 版.北京：北京大学出版社，2008.

沈萍，陈向东.微生物学实验［M］.4 版.北京：高等教育出版社，2007.

沈萍.微生物学实验［M］.3 版.北京：高等教育出版社，1999.

沈怡方.白酒生产技术全书［M］.4 版.北京：中国轻工业出版社，2014.

宋渊.微生物学实验教程［M］.北京：中国农业大学出版社，2012.

宋占午，刘艳玲.3，5-二硝基水杨酸测定还原糖含量的条件探讨［J］.西北师范大学学报（自然科学版），1997，2：52-55.

万海同.生物与制药工程实验［M］.杭州：浙江大学出版社，2008.

王超凯，刘绪，张磊，等.产 γ-氨基丁酸乳酸菌的筛选及发酵条件初步优化［J］.食品与发酵科技，2011，48（1）：36-39.

王廷璞，王静.食品微生物检验技术［M］.北京：化学工业出版社，2014.

王玉华，裴晓林，李岩，等.中心组合设计优化基因组改组干酪乳杆菌 Lc-F34 生产 L-乳酸发酵条件研究［J］.食品科学，2009，30：147-150.

魏群.生物工程技术实验指导［M］.北京：高等教育出版社，2005.

文程，于慧敏，孙云鹏，等.高效测定发酵液中透明质酸含量的改良 CTAB 浊度法［J］.中国生物工程杂志，2010，30（2）：89-93.

吴根福.比色法定量测定己酸含量的初步研究［J］.酿酒科技，1995（6）：35-37.

吴根福.发酵工程实验指导［M］.2 版.北京：高等教育出版社，2013.

徐晨东，易蕴玉，全文海.利用苯酚-次氯酸盐反应测定铵离子方法的探讨［J］.无锡轻工大学学报：食品与生物技术学报，1998，1：34-38.

许建军，江波，许时婴.生物合成 γ-氨基丁酸的乳酸菌的筛选［J］.食品科技，2002，10：7-10.

杨晓玲，赵宗云，刘永军，等.应用纸层析分离鉴定氨基酸方法的改进［J］.植物生理学报，2002，38（4）：368-368.

叶勤，俞俊棠，李友荣.牛顿型及非牛顿型流体再通气搅拌罐中体积氧传递系数的研究［J］.中国医药工业杂志，1983，（5）：46-47.

张婵，杨强，张桦林，等.超声辅助法优化提取红曲红、红曲黄色素［J］.食品与生物技术学报，2014，33（8）：805-813.

张嘉，李多伟，任静.正交试验提取虫草素的工艺研究［J］.中国新医药，2004，3（2）：89-93.

张学英，黄忠意，章发盛，等.两种检测还原糖方法的比较［J］.食品与机械，2017，33：66-69.

张智，谢意珍，李森柱.冬虫夏草研究进展［J］.微生物学杂志，2002，22（5）：51-52.

张钟，李先保，杨胜远.食品工艺学实验［M］.郑州：郑州大学出版社，2016.

赵凯,许鹏举,谷广烨.3,5-二硝基水杨酸比色法测定还原糖含量的研究[J].食品科学,2008,29:534-536.

中华人民共和国农业部.NY/T1676-2008 食用菌中粗多糖含量的测定[S].北京:中国标准出版社,2008.

周德庆.微生物学实验教程[M].2版.北京:高等教育出版社,2006.

诸葛健.现代发酵微生物实验技术[M].北京:化学工业出版社,2005.

附录　常用培养基

下列培养基均可加 2.0% 的琼脂配成固体培养基。

1. 牛肉膏蛋白胨培养基

牛肉膏	3g
蛋白胨	10g
NaCl	5g
水	1000mL
pH	7.2～7.4

2. 葡萄糖牛肉膏蛋白胨培养基

葡萄糖	10g
牛肉膏	3g
蛋白胨	10g
NaCl	5g
水	1000mL
pH	7.0～7.2

3. 豆芽汁蔗糖培养基

黄豆芽	200g
蔗糖	30g
水	1000mL
pH	7.2

先将豆芽洗净，放入水中煮沸 30min，用纱布过滤，取豆芽汁加蔗糖，并补足水分。

4. 马铃薯蔗糖培养基（PDA）

马铃薯	200g
蔗糖	20g
水	1000mL

将马铃薯去皮、切块，于锅煮沸半小时，双层纱布过滤，取滤液加糖，并补水至 1000mL。

5. 蔗糖硝酸钠培养基

蔗糖	30g
$NaNO_3$	2g
K_2HPO_4	1g
$MgSO_4$	0.5g
KCl	0.5g
$FeSO_4$	0.01g

水	1000mL
pH	7.0～7.2

用于培养青霉、曲霉及其他利用硝酸盐的真菌、放线菌等多种微生物。蔗糖可用葡萄糖或甘油代替而成葡萄糖无机盐琼脂或甘油硝酸盐琼脂。

6. 麦氏(McClary)培养基(培养酵母菌的子囊孢子)

葡萄糖	1g
KCl	1.8g
酵母抽提物	2.5g
乙酸钠	8.2g
水	1000mL
pH	5.6～6.0

7. 高氏一号培养基

淀粉	20g
KNO_3	1g
K_2HPO_4	0.5g
$MgSO_4$	0.5g
NaCl	0.5g
$FeSO_4$	0.01g
水	1000mL
pH	7.2～7.4

为分离、培养放线菌常用的培养基。

8. 红螺菌培养基

NH_4Cl	1g
K_2HPO_4	0.5g
$MgCl_2$	0.2g
NaCl	2g
酵母膏	0.1g
水	900mL

各成分溶解后121℃灭菌20min,然后在无菌条件下加入:(1)经过滤除菌的 $NaHCO_3$ 5.0g/50mL 水。(2)50mL 经过滤除菌的乙醇或戊醇或 4% 丙氨酸,然后用过滤除菌的 0.03mol H_3PO_4 调 pH 至 7.0。此培养基用于富集培养红螺菌。

9. 醋酸菌培养基

葡萄糖	100g
酵母膏	10g
$CaCO_3$	20g
蒸馏水	1000mL
pH	6.8

10. 乳酸菌培养基

酵母膏	7.5g

蛋白胨	7.5g
葡萄糖	10g
KH_2PO_4	2g
西红柿汁	100mL
吐温-80（Tween）	0.5g
蒸馏水	900mL
pH	7.0

11. 产脂刚螺菌培养基

K_2HPO_4	0.1g
KH_2PO_4	0.4g
$MgSO_4 \cdot 7H_2O$	0.2g
NaCl	0.1g
$CaCl_2$	0.02g
$Na_2MoO_4 \cdot 2H_2O$	0.002g
$FeCl_3$	0.01g
苹果酸钠	5.0g
BTB（溴百里香酚蓝）溶液	5mL
水	1000mL

BTB溶液配制：0.5g BTB溶于100mL 95％乙醇中，用KOH调至pH7.0。

12. 营养试验培养基：1000mL蒸馏水加如下物质配成不同的培养基。

	完全	缺碳	缺氮	缺磷	缺钾
蔗糖	50g	/	50g	50g	50％
硝酸铵	3g	3g	/	3g	3g
磷酸二氢钾	2g	2g	2g	/	磷酸二氢钠2g
硫酸镁	0.5g	0.5g	0.5g	0.5g	0.5g
硫酸亚铁	0.1g	0.1g	0.1g	0.1g	0.1g
1％硫酸锌	5mL	5mL	5mL	5mL	5mL
氯化钠	/	5g	2g	氯化钾1g	/

上述培养基pH自然。

13. 黑木耳分离培养基

蛋白胨	2.0g
酵母膏	2.0g
K_2HPO_4	1g
$MgSO_4$	0.5g
KH_2PO_4	0.46g
葡萄糖	20g
水	1000mL
pH	6.5～6.8

14. LB 培养基

胰蛋白胨	10g
酵母提取物	5g
NaCl	10g
水	1000mL
pH	7.0~7.2

15. YPD 培养基

酵母粉	10g
蛋白胨	20g
葡萄糖	20g
水	1000mL